"CONOCIENDO LA MENTE DE DIOS"

Base Científica para entender el origen, estructura y fin del universo.

LIMA- PERU

2024

DEDICATORIA

A SOLIO VARGAS Y JUANA MAGARIÑO
Quienes me enseñaron a soñar en grande y a buscar respuestas en el universo.
A DOSTY MAYERSON
Para mirar hacia las estrellas y conectarse con el universo, y así encontrar su destino.

ÍNDICE

AGRADECIMIENTOS
PRESENTACIÓN DEL AUTOR
PRÓLOGO
INTRODUCCIÓN

1. **IDEAS SOBRE EL UNIVERSO**

   - Astronomía Primitiva
   - Astronomía Medieval
   - Astronomía Moderna
   - Astronomía Contemporánea

2. **EL ORIGEN, ESTRUCTURA Y FIN DEL UNIVERSO**

   - Cuestionando el Génesis Bíblico
   - Universo Estacionario y la Paradoja de Olbers.
   - Universo en Expansión y el Efecto Doppler.
   - El padre del Big Bang.
   - Eras del Big Bang
   - Pilares del Big Bang
   - Universo en expansión y la Ley de Hubble
   - Modelo de Lambda- CDM
   - La Geometría del Universo
   - Muerte inexorable del Universo
   - Universo cíclico de Roger Penrose

3. **LAS LEYES FUNDAMENTALES DEL UNIVERSO Y LA FRONTERA DEL INFINITO**

   - La Gravedad
   - Fuerza Fuerte
   - Fuerza Débil
   - Fuerza Electromagnética
   - La Entropía
   - Periplo a los Confines del Universo

AGRADECIEMIENTOS

Escribí este libro de divulgación, después de leer las obras de Stephen Hawking, Carl Sagan, Paul Davies, Bryan Greene, Neil deGrasse Tyson, Lawrence Krauss, Roger Penrose, Michio Kaku y João Magueijo, Mis agradecimientos eternos a estos científicos prolijos, por ser mi fuente de inspiración y enseñarme amar la ciencia.

A Maricarmen Ñaupari, por leer y releer el manuscrito y dar sus comentarios atinados, y siempre por motivarme para terminar de escribir mi libro.

A mi colega Jara Ortiz Jacob, quien leyó y corrigió amablemente todo el manuscrito e hizo valiosos comentarios.

A mis padres Solio Vargas y Juana Magariño, por su apoyo incondicional en estos largos años de mi formación profesional de investigación y divulgación científica.

A mi hermano Jaiderson Vargas Magariño por su valioso tiempo y dedicación en leer y corregir este libro, Sus comentarios, sugerencias y críticas fueron esenciales para mejorar la calidad y claridad del contenido.

A mis hermanas(os) Ronaldillo, Florinda Adela y Olga V, y mis cuñados Rildo Atanacio y Jesias Mallqui por su apoyo emocional y económico para que este libro saliera a la luz.

A mis colegas y maestros en los distintos niveles académicos, tanto de pregrado y posgrado. su conocimiento y apoyo han sido una constante fuente de inspiración en la creación de este libro. Sin su estímulo y orientación, este proyecto no habría sido posible. Gracias por ser parte de este viaje por el inconmensurable cosmos.

PRESENTACION DEL AUTOR

Vargas Magariño Quemi Edison es Ingeniero de Sistemas, Magister en Pedagogía es un profesional multidisciplinario con amplios conocimientos en Matemática y Física. Su investigación se enfoca en el campo de la Astronomía, Astrofísica y Cosmología.

Labora en diferentes empresas, tanto públicas como privadas. Brinda consultorías en el desarrollo e implementación de sistemas informáticos y tecnologías de inteligencia artificial, lo que le permite aplicar sus conocimientos para desarrollar modelos matemáticos que simulan escenarios cosmológicos.

Como docente de Matemática y Física, también labora en diferentes instituciones públicas y privadas de diferentes niveles, contribuyendo a la formación de la juventud y despertando en ellos el amor por la ciencia y la tecnología.

PRÓLOGO

Queridos amantes del universo.

Les presento a un hombre cuyo amor por los cielos y su fascinación por los misterios del cosmos es solo comparable a su habilidad para transmitir su pasión a los demás. Vargas Magariño Edison, es ingeniero de sistemas, matemático y físico, es un verdadero apasionado del universo.

Su romance con el cosmos comenzó a temprana edad, y desde entonces ha dedicado su carrera a la investigación y la exploración de los secretos del universo.

Este libro es el resultado de años de investigación exhaustiva y estudio profundo del autor sobre el origen, estructura y fin del universo. También es una valiosa aportación a la literatura sobre el universo y seguro será de gran interés para aquellos interesados en la ciencia de la astronomía, así como para aquellos que simplemente desean aprender y conocer más sobre el universo en el que vivimos.

El autor ha combinado sus conocimientos en matemáticas, física y astronomía para ofrecer una explicación clara y accesible de los conceptos complejos relacionados con el universo, desde la teoría del Big Bang hasta la expansión y el eventual fin del universo.

Si están buscando un romance con el universo, este libro es la guía perfecta. Con su conocimiento profundo y su habilidad para transmitir sus ideas de manera accesible, los llevará a través de las estrellas y les mostrará la belleza del cosmos como nunca antes la habían visto.

Atentamente

Ing. Maricarmen Ñaupari Gonzales

Lima 20 de febrero del 2024

INTRODUCCIÓN

Desde los tiempos inmemoriales, la humanidad ha sentido fascinación por conocer y comprender el mundo que la rodea. Su esfuerzo y tenacidad le han permitido descubrir realidades ocultas más allá de sus limitaciones físicas. Su esfuerzo y tenacidad le han permitido develar realidades ocultas más allá de sus limitaciones físicas. La investigación y la búsqueda incesante del conocimiento nos han brindado la capacidad de entender el vasto universo y nuestro lugar en él. Somos seres integrados en un mundo biológico, frutos de la evolución mediante la selección natural. El estudio del universo nos permite comprender el origen de la materia y de todo lo que nos rodea, incluso nuestra propia existencia. El nacimiento de la materia que vemos a nuestro alrededor se produjo en estrellas que ya no existen. Todos los elementos en nuestro universo, incluyendo cada partícula de polvo y cada átomo en nuestro cuerpo, se originaron en las centrales termonucleares de estrellas gigantes. Durante la vida de una estrella, la fusión nuclear genera una gran cantidad de energía y crea elementos como el carbono, oxígeno, nitrógeno, silicio y hierro a partir de elementos más ligeros.

Estos elementos son lanzados al espacio cuando la estrella explota en una supernova. Posteriormente, se condensan en forma de polvo y gas que forman nuevas estrellas y planetas. De esta manera, podemos afirmar que la materia que compone nuestro cuerpo y el universo tiene un origen estelar.

Desde mi infancia, he tenido una pasión incansable por la ciencia, en particular por la Física, la Astronomía y la Cosmología. Crecí en un pueblo pequeño alejado de la ciudad rodeado de campos y montañas, durante las noches de verano podía admirar un cielo despejado y lleno de estrellas brillantes. La belleza celestial que se extendía ante mí era fascinante y cautivadora e hizo formularme preguntas como: ¿De dónde proviene todo? ¿Cómo y cuándo se formó el universo? ¿Qué son esas luces centelleantes en el firmamento? ¿Podría alcanzarlas si tuviera una escalera lo suficientemente grande? ¿Qué hay más allá de esas luces? Este maravilloso espectáculo alimentó mi curiosidad por la ciencia y me impulsó a seguir aprendiendo y explorando el universo.

El cielo me parecía una bóveda con límites, y creía que podría alcanzarlo con solo extender mis manos. Pero al llegar al supuesto borde, me sorprendía descubrir que no había ninguna frontera. Fue entonces cuando comprendí la vastedad y el misterio del universo. Esa sensación de asombro y fascinación fue lo que me impulsó a seguir explorando y aprendiendo más sobre la ciencia y el cosmos. Desde entonces, he dedicado una gran parte de mi vida a estudiar Física, Astronomía y Cosmología. Me he adentrado en conceptos más complejos y teóricos, y trabajo con ahínco para comprender y mejorar mi conocimiento del mundo que me rodea.

Recuerdo cuando tenía alrededor de 8 años, me regalaron una pelota de fútbol. Una noche, la lancé lo más alto que pude con el objetivo de alcanzar esas luces que me perturbaban noche tras noche. Con cada intento, era imposible llegar más alto y la pelota siempre regresaba tan rápido. En ese entonces, pensaba que tal vez Dios no quería que la pelota llegara a su destino. A mi edad, era muy difícil entender que la responsable de su regreso era la fuerza de la gravedad. Hoy en día, sabemos que esas brillantes luces se conocen como estrellas, y a veces también son planetas, como Venus, que pueden ser visibles en la puesta y salida del sol.

Crecí en una familia católica-cristiana en la que se atribuían todas las cosas materiales e inmateriales y cualquier tipo de fenómeno a un Dios, un ser omnipotente creador del cielo y de la tierra. Mis padres me enviaban regularmente a la iglesia del pueblo para aprender todo lo que un buen cristiano debería saber para ir al cielo y no ser condenado a quemarse eternamente en el infierno.

Un día en catequesis, me atreví a preguntar: ¿Qué hacía Dios antes de crear el cielo y la tierra? Ese día, estábamos aprendiendo acerca del génesis bíblico y la creación del universo, y sin darme cuenta, había dado en el talón de Aquiles de la teología, una interrogante que era difícil responder incluso para los expertos religiosos.

El catequista, consciente de la complejidad de mi inquietud, me recomendó leer un libro titulado "*Mi libro de historias bíblicas*". Según él, si lo leía en su totalidad, tendría la oportunidad de conocer a Dios y, por ende, comprender la mente de Dios. De manera curiosa, esa recomendación inspiró el título de mi propio libro: "CONOCIENDO LA MENTE DE DIOS". No obstante, a pesar de su título, el libro que presento no tiene una temática religiosa. En realidad, se adentra en el ámbito científico, reinterpretando y desafiando algunos pasajes bíblicos que narran la creación del universo, a la luz de los conocimientos científicos modernos.

Con el paso del tiempo mi curiosidad creció como un río caudaloso. En mi adolescencia cuando finalmente descubrí que la ciencia ofrecía respuestas a muchas de las preguntas que me habían inquietado durante mi infancia. Fue entonces cuando la geología y la geografía, como dos amantes de la sabiduría, me cautivaron. La geología, me permitió conocer y explorar los secretos profundos de nuestro planeta, como las placas tectónicas, formación de las rocas y relieves, etc. Por su parte, la geografía, me llevaba de la mano a una odisea a los planetas del sistema solar, las órbitas de los astros, las intrincadas relaciones entre los cuerpos celestes y las características únicas de cada rincón cósmico. No obstante, en lo más profundo de mi ser, anidaba un deseo inquietante y desafiante por comprender el origen, la estructura y el destino final del universo desde un enfoque Físico-Matemático, porque eso es lo que la cosmología representa para mí.

La ciencia moderna ha permitido una comprensión profunda del universo y todo lo relacionado con él, incluyendo nuestra propia existencia. En las páginas de este libro, mi propósito es sumergirme en un relato científico que desvele el fascinante origen del universo, sin recurrir a explicaciones fantasiosas, mitológicas ni sobrenaturales. A través de un enfoque riguroso y fundamentado en evidencia científica, exploraré los procesos y fenómenos que han dado forma a nuestro cosmos a lo largo de milenios. Desde los primeros instantes del Big Bang hasta la formación de las galaxias y las estrellas, desentrañaré los intrincados mecanismos que han guiado la evolución cósmica a través del tiempo.

Los pilares de la ciencia nos guiarán en este recorrido, iluminando nuestro camino con la razón y la lógica, desafiando las creencias religiosas arraigadas y abrazando el poder del pensamiento crítico. Este libro, lejos de ser un compendio aburrido de datos, se convertirá en un vívido relato que nos sumergirá en los deslumbrantes descubrimientos científicos que han redefinido nuestra comprensión del universo. Cada palabra escrita estará impregnada de la emoción y la pasión que despierta en mí el conocimiento científico, invitando al lector a unirse a esta fascinante exploración del cosmos. En última instancia, mi deseo es que este libro sea una fuente de inspiración y maravilla para todos aquellos que, como yo, buscan la verdad a través de la ciencia. Atrévete a acompañarme en este viaje, donde dejaremos atrás las explicaciones mágicas y abrazaremos la belleza de la comprensión científica del universo, un relato que nos revela la grandeza y complejidad de nuestro cosmos sin renunciar a la maravilla y el asombro que lo acompañan. En definitiva, este libro es un homenaje al universo y a nuestra fascinación por él. Esperamos que su lectura sea tan apasionante para usted como lo ha sido para nosotros su elaboración, y que lo acompañe en un viaje que lo llevará desde los orígenes del cosmos hasta su posible fin.

CAPÍTULO I

IDEAS SOBRE EL UNIVERSO
Astronomía Primitiva.

Desde los albores de la humanidad, hubo un deseo intrínseco por comprender los fenómenos naturales que nos rodean como la lluvia, los truenos, las estaciones, entre otros. Estas manifestaciones fueron observadas y estudiadas desde tiempos prehistóricos. Este insaciable deseo de comprensión ha impulsado a la humanidad a cuestionar no solo el origen de los fenómenos naturales, sino también su propio origen y su papel en este mundo.

Las primeras ideas acerca del universo surgieron durante la etapa de nomadismo, cuando la economía se basaba en la caza y la recolección. Los seres humanos se veían obligados a emigrar junto con los animales que cazaban. Para lograrlo, necesitaban identificar las épocas propicias en las que los animales migraban hacia pastos más fértiles. Fue así como comprendieron que su alimentación estaba estrechamente vinculada con las estaciones del año, que a su vez están determinadas por el movimiento de la luna y el sol. Con el surgimiento del sedentarismo y el descubrimiento de la agricultura, se hizo imperativo poder predecir con exactitud las fases lunares para iniciar la siembra o la cosecha, una práctica que incluso en la actualidad sigue siendo relevante y utilizada.

Los primeros registros de la astronomía y la veneración de los cielos provienen de civilizaciones antiguas como Göbekli Tepe, Stonehenge y Sumeria. En aquellos tiempos, la comprensión científica del mundo y los fenómenos naturales aún no se había desarrollado de manera sistemática y rigurosa. Por ende, la astronomía era considerada más como una forma de conocimiento místico y religioso que como una disciplina científica. Las personas creían fervientemente en dioses y diosas que controlaban los movimientos de los cuerpos celestes y determinaban el destino de la humanidad.

El enfoque místico y religioso de la astronomía se manifestaba en las prácticas rituales y sacrificios humanos que se llevaban a cabo. Un ejemplo de esto es el complejo arqueológico de Stonehenge en Inglaterra, donde se han hallado más de 300 entierros fechados aproximadamente entre 3030 y 2340 a.C. Estos descubrimientos sugieren que Stonehenge pudo haber sido un lugar sagrado utilizado para llevar a cabo sacrificios humanos o rituales astronómicos.

Con el transcurso del tiempo, el avance de la ciencia y la tecnología permitió una comprensión más profunda y precisa de los fenómenos naturales. La astronomía se transformó en una disciplina científica rigurosa y se dejaron de lado las creencias místicas y religiosas. Aunque restos arqueológicos como Stonehenge siguen siendo un enigma, la ciencia moderna ha posibilitado una comprensión más profunda de su propósito y su lugar en la historia de la humanidad.

Complejo arqueológico de Stonehenge.

Los primeros astros que capturaron la atención, el estudio y la veneración de las civilizaciones antiguas fueron la luna y el sol. Estos astros adquirieron una profunda importancia y ejercieron una significativa influencia en el desarrollo de civilizaciones posteriores, como los egipcios, los mayas, el Tawantinsuyo y otros. En estas culturas, la clase gobernante atribuía su origen a los cuerpos celestes del firmamento, y justificaba su poder y posición social al proclamarse como hijos del Dios-Sol. Por ende, eran considerados dignos de respeto y adoración. Así, se gestó la religión como una forma de satisfacer los deseos de la clase gobernante y consolidar su posición de poder.

Arte rupestre donde se observa la ceremonia al sol.

En todas las civilizaciones antiguas, los astros, especialmente las estrellas, eran venerados como Dios o dioses, y se les rendía culto para aplacar su furia, ya que se creía que podían provocar sequías, pestes, terremotos, eclipses y otros fenómenos. Un ejemplo de esto es la creencia de los vikingos, quienes pensaban que los eclipses eran causados por el lobo Hati, que perseguía al Sol. Para evitar que el lobo alcanzara y devorara, se realizaban gritos de guerra para ahuyentarlo. Un ejemplo contemporáneo que ilustra estas creencias ancestrales es el caso de mi abuela. Cuando ella observaba un eclipse lunar, se preocupaba y manifestaba su convicción de que la luna estaba enferma. En respuesta a esta creencia, preparaba infusiones de hierbas medicinales y realizaba una ceremonia especial para ofrecer a la luna, con la esperanza de que esto la ayudara a sanar. Esta creencia estaba arraigada en la idea de que la luna era un ser vivo, y que su muerte podría desencadenar el fin del mundo. A través de ejemplos como este, podemos apreciar cómo las creencias sobre los astros y los fenómenos celestiales han tenido un profundo impacto en las civilizaciones antiguas y el pensamiento humano a lo largo de la historia.

Tanto los vikingos como mi abuela compartían la creencia de que la luna era un ser divino que los protegía de calamidades y desastres. Sin embargo, en la actualidad, gracias al avance de la ciencia, sabemos que los eclipses son fenómenos naturales que podemos predecir con exactitud. Aunque los vikingos y mi abuela realizaran sus actos en favor de la luna, esta seguiría su tránsito y movimiento perpetuo independientemente de cualquier acción humana.

Después de muchos milenios, en el siglo V a. C., los filósofos griegos Tales de Mileto y Eratóstenes de Cirene marcaron un punto de inflexión en las creencias sobre los fenómenos naturales como los eclipses. A través de la observación y un estudio precientífico, sugirieron que estos eventos seguían patrones predecibles y cuantificables, desafiando así la idea de que eran causados por intervención divina.

Tales de Mileto, considerado el padre de la filosofía natural, propuso la teoría de que el agua era el origen de todas las cosas y que todo lo que existe está compuesto por una combinación de agua y tierra. Esta teoría, aunque no es correcta en términos científicos modernos, representó un paso importante hacia una comprensión racional del universo.

Por otro lado, Eratóstenes de Cirene es conocido por su medición precisa del diámetro de la Tierra y su cálculo aproximado de su circunferencia. Utilizando una vara para medir la sombra de un palo en Siena y Alejandría, y su conocimiento de matemática, realizó uno de los primeros ejemplos de ciencia experimental en la historia de la humanidad. Su logro demostró el potencial de la observación y la medición para comprender el mundo natural.

Gracias a estos filósofos griegos, se sentaron las bases para un enfoque más racional y científico en el estudio de la naturaleza y los fenómenos celestiales. Este cambio de perspectiva abrió el camino para el desarrollo posterior de la astronomía y otras ciencias, permitiendo una comprensión más profunda del universo y su funcionamiento.

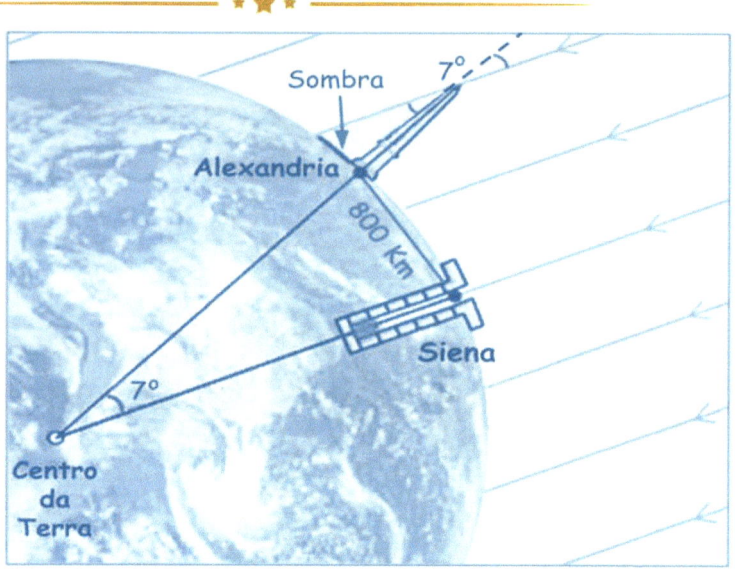

Eratóstenes midió la circunferencia de la Tierra en el año 240 a.C., utilizando una vara para medir la sombra de un palo en dos ciudades diferentes y un cuadrante, para medir ángulos. Con eso pudo calcular la circunferencia de la Tierra. Su cálculo fue de 252.000 estadios, que es aproximadamente a 40.000 kilómetros. Cabe destacar que hay algunos "despiertos" que en la actualidad creen que la tierra es plana. a pesar de la evidencia científica abrumadora.

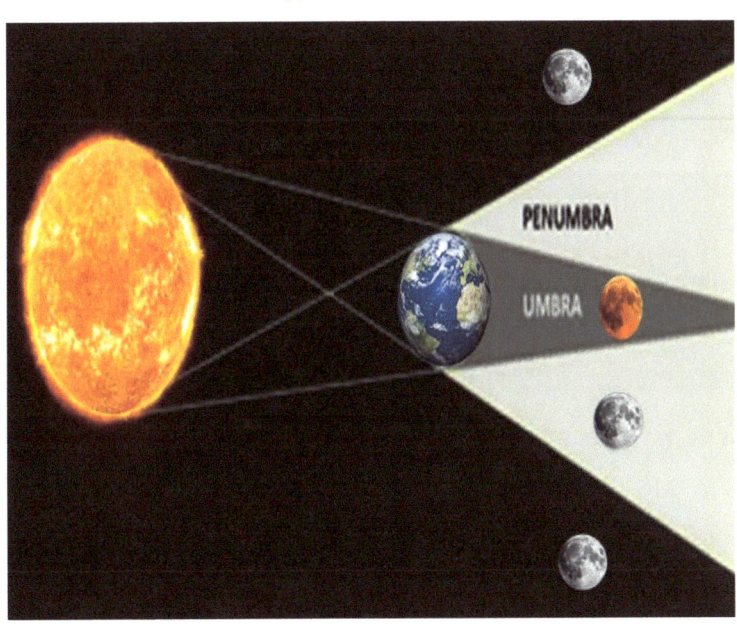

Ilustración de un Eclipse lunar.

Fotografía de la Sombra de la tierra, proyectada a la luna en momento del eclipse.

En definitiva, estos dos filósofos griegos, Tales de Mileto y Eratóstenes de Cirene, marcaron un hito en la historia del conocimiento humano. Su enfoque racional y científico en el estudio de la naturaleza y los fenómenos celestiales significó un antes y un después en la comprensión del universo.

Gracias a sus ideas y teorías, se dejó atrás la dependencia de las creencias místicas y supersticiosas. Se abrió el camino para el desarrollo de las ciencias naturales y la filosofía natural, sentando las bases para el pensamiento científico tal y como lo conocemos hoy en día.

Tales de Mileto

Eratóstenes de Cirene.

Astronomía Medieval – Moderna.

El modelo geocéntrico, también conocido como el modelo Ptolemaico, fue la teoría predominante durante la Edad Media y gran parte de la Edad Moderna. Fue respaldado por la Iglesia Católica, que sostenía que la Tierra era el centro del universo y que todos los astros giraban a su alrededor. Esta teoría se basaba en algunos relatos bíblicos, como el de Josué, que pidió a Dios que detuviera el sol para terminar la batalla contra los amoritas en Canaán, entonces el sol se quedó quieto en el medio del cielo y lo hizo durante todo un día; pero ahora sabemos que tal relato es erróneo y ridículo, si aplicamos la primera ley de inercia de Newton, todo objeto en movimiento o reposo permanece en su estado inicial a menos que una fuerza externa lo cambie. Si el relato bíblico de Josué fuera cierto, significaría que la Tierra dejó de girar, Por lo tanto, cualquier objeto que no estuviera atado habría experimentado una aceleración repentina debido a la interrupción del movimiento de la Tierra, ya que la inercia de los objetos los llevaría a continuar moviéndose a la misma velocidad y en la que estaban antes de la interrupción.

Esto habría resultado que los objetos salieron disparados a altas velocidades, posiblemente a cientos de kilómetros por segundo, causando un gran impacto en la vida en la Tierra.

Después de siglos de aceptación del modelo geocéntrico, en 1514 el astrónomo polaco Nicolás Copérnico propuso una teoría alternativa: El modelo heliocéntrico. Es importante destacar que esta idea no fue completamente nueva, ya que en el siglo III a. n. e. El astrónomo griego Aristarco de Samos había propuesto un modelo similar, pero debido a la influencia de las ideas aristotélicas de la época, su teoría fue eclipsada y permaneció en el olvido durante muchos siglos hasta que fue recordada por Copérnico. Durante los siglos XV y XVII, la Iglesia Católica, a través de la Inquisición, perseguía ferozmente a aquellos que tenían ideas diferentes a su doctrina. Esto se tradujo en la persecución y asesinato de personas como Baruch Spinoza, Giordano Bruno, Giulio Cesare, entre otros, que fueron castigados por expresar sus opiniones científicas y filosóficas. Esta persecución tuvo un impacto significativo en el desarrollo del conocimiento científico y filosófico, ya que el libre pensamiento y la libertad de expresión fueron reprimidos y oprimidos durante muchos años debido al oscurantismo y al control ejercido por la Iglesia Católica.

Nicolás Copérnico, consciente de los riesgos de ser acusado de herejía, mantuvo en secreto su teoría heliocéntrica durante gran parte de su vida. Sin embargo, Giordano Bruno, un astrónomo, filósofo y matemático, decidió valientemente exponer públicamente sus ideas sobre el modelo heliocéntrico, lo que resultó en su persecución y juicio por parte de la Iglesia Católica.

Bruno fue acusado de blasfemia, herejía e inmoralidad debido a sus enseñanzas sobre un universo infinito con múltiples mundos habitados. Tras pasar 8 años encarcelado, finalmente fue condenado a morir en la hoguera el 17 de febrero de 1600, como castigo por sus creencias y enseñanzas.

El Monumento a Giordano Bruno, creado por Ettore Ferrari, fue erigido en 1889 en la plaza Campo de Fiori en Roma, Italia.

La teoría heliocéntrica plantea que el Sol está en estado de reposo y que todos los planetas se mueven describiendo órbitas circulares a su alrededor. Unos años después, esta idea fue tomada seriamente por Galileo Galilei, quien también la defendió públicamente, enfrentándose así a un juicio con la temida Inquisición.

Noventa años después de la muerte de Nicolás Copérnico, el astrónomo Galileo Galilei fue llevado a juicio en Roma por publicar su libro "*Diálogo sobre los dos principales sistemas del mundo: Ptolemaico y Copernicano*", en el cual defendía la teoría heliocéntrica. A pesar de presentar pruebas científicas en su defensa, Galileo fue declarado culpable de herejía. Para evitar el mismo destino que su predecesor Giordano Bruno, Galileo se retractó públicamente de sus creencias y abjuró de rodillas con la Biblia en la mano. Como resultado, fue condenado a arresto domiciliario de por vida. Se dice que después de su retractación, Galileo murmuró en voz baja "*Eppur si mouve*" *(Sin embargo, se mueve)*, haciendo una clara alusión a que la Tierra sí se movía y giraba alrededor del Sol.

Durante la Edad Media, el conocimiento experimentó una etapa de oscurantismo. El arresto de Galileo y la ejecución de Bruno tuvieron un impacto desalentador en el progreso científico, ya que la intolerancia y la represión limitaron la libertad de pensamiento y la búsqueda del conocimiento.

No obstante, a pesar de estos desafíos, gracias a la labor de otros valientes pensadores, la Revolución Científica estaba a punto de comenzar. Surgieron figuras destacadas como Isaac Newton, cuyas contribuciones a la humanidad fueron sumamente significativas. Sus investigaciones y descubrimientos sentaron las bases de la física moderna y abrieron nuevos horizontes para la comprensión del mundo natural.

La ciencia moderna, especialmente la astronomía, dio un importante salto con los aportes de Nicolás Copérnico y su teoría heliocéntrica. En esta nueva concepción, la Tierra ya no permanecía inmóvil en el centro del universo, sino que poseía un doble movimiento: la rotación sobre sí misma cada 24 horas y la traslación alrededor del Sol cada 365 días.

Los trabajos de Tycho Brahe proporcionaron la base para que Johannes Kepler realizara descubrimientos fundamentales, como las famosas leyes del movimiento planetario, conocidas como las leyes de Kepler. Estas leyes, a su vez, sirvieron como precursoras para el descubrimiento de la ley de la gravitación universal por parte de Isaac Newton.

En 1685, Isaac Newton se propuso descubrir la causa del movimiento elíptico de los astros observado por Johannes Kepler. Utilizando la relación establecida por Kepler, que establecía que el cuadrado del período orbital de un astro es proporcional al cubo de su distancia media al Sol

($T^2 = k\ r^3$), Newton llegó a la conclusión de que los planetas se mueven más lentamente cuando su órbita es más grande y más rápido cuando su órbita es más pequeña. Esta relación se conoce como la tercera ley de Kepler del movimiento planetario, también conocida como la ley de las armonías.

Gracias a esta ley, Newton pudo establecer que la fuerza de la gravedad entre dos objetos es inversamente proporcional al cuadrado de la distancia entre sus centros. Además, Newton reconoció que la gravedad es una fuerza universal, que actúa de la misma manera para atraer un objeto hacia el suelo y para mantener a la Luna en órbita alrededor de nuestro planeta. El descubrimiento de la ley de la gravitación universal fue uno de los hitos más importantes en la historia de la ciencia.

La comprensión de que la fuerza de la gravedad es universal y actúa entre todos los objetos del universo supuso un avance significativo en la astronomía. Esta revelación permitió a los astrónomos entender y explicar de manera precisa el movimiento de los cuerpos celestes, lo que llevó a una mayor comprensión del funcionamiento del universo en su conjunto.

Además, el desarrollo del cálculo infinitesimal por Newton representó otro hito crucial en el campo de la astronomía. Esta herramienta matemática permitió a los astrónomos realizar cálculos precisos y crear modelos matemáticos del universo. Gracias al cálculo, pudieron abordar de manera más efectiva y rigurosa los fenómenos celestes, lo que contribuyó a una comprensión más profunda de los movimientos planetarios, las órbitas de los astros y otros eventos astronómicos.

La combinación de la teoría de la gravitación universal y el cálculo infinitesimal revolucionó el estudio de la astronomía, llevándolo a nuevos niveles de precisión y exactitud. Estos avances sentaron las bases para la ciencia moderna y permitieron a la humanidad alcanzar un conocimiento más profundo y detallado del vasto cosmos que nos rodea.

Las 3 leyes de Newton

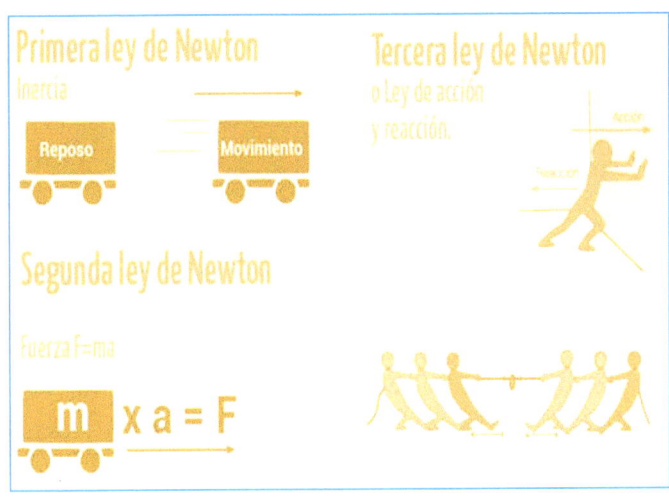

Las 3 leyes de Kepler

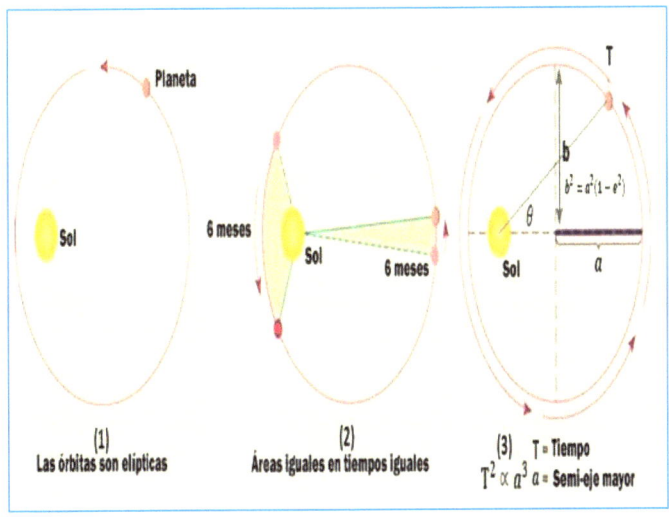

Astronomía contemporánea.

En el siglo XX, surgieron dos teorías fundamentales que revolucionaron la ciencia, especialmente en Física y Astronomía: la Teoría de la Relatividad y la Mecánica Cuántica. Estas teorías permitieron comprender la posición actual de la Física moderna con respecto al origen, evolución, estructura y destino del universo, al abordar experimentalmente componentes fundamentales como la materia, la luz, la energía, el espacio y el tiempo.

Hacia finales del mismo siglo, muchos científicos creían que se habían logrado resolver y entender todos los fenómenos conocidos hasta entonces. Esto se debía a que la física clásica de Newton y la teoría electromagnética de Maxwell habían proporcionado explicaciones satisfactorias para una amplia gama de observaciones y experimentos.

Sin embargo, desde la antigua Grecia, se había planteado una idea fascinante que aún no se había comprobado: la suposición de que el espacio estaba lleno de una sustancia o medio continúo llamado "éter". Según esta idea, se creía que los rayos de luz y las señales de radio se propagaban en este éter, de manera similar a cómo las ondas de sonido se propagan en el aire.

En este mismo siglo, se produjo un gran avance en el campo de las matemáticas con el desarrollo de una nueva rama de la geometría que iba más allá de la geometría euclidiana de tres dimensiones. Este progreso matemático fue impulsado por los esfuerzos de tres figuras importantes en el campo de las matemáticas: Friedrich Riemann, Nikolái Lobachevski y Carl Friedrich Gauss.

Friedrich Riemann fue el primero en proponer una geometría no euclidiana basada en la idea de que la suma de los ángulos internos de un triángulo puede ser diferente de 180 grados. Nikolái Lobachevski, por su parte, desarrolló una teoría completa de la geometría no euclidiana basada en esta idea. Por último, Carl Friedrich Gauss realizó numerosas e importantes contribuciones al campo de la geometría no euclidiana. Su trabajo incluyó el uso de esta nueva geometría en la descripción de fenómenos físicos, lo que demostró la relevancia y aplicabilidad de estas ideas más allá del ámbito matemático.

En la actualidad, la geometría no euclidiana juega un papel crucial en importantes aplicaciones dentro de la física teórica. Los científicos utilizan la geometría de 10 dimensiones para describir teorías fundamentales como la Teoría de Cuerdas, la Teoría de Supergravedad y la Teoría M.

En el capítulo III de mi libro "LA MENTE HUMANA ANTE LOS MISTERIOS DEL UNIVERSO", exploro en mayor detalle estas teorías, que representan un emocionante avance en nuestro entendimiento de la naturaleza fundamental del cosmos.

En la física clásica de Newton, la geometría de Euclides era la herramienta principal para predecir con exactitud el movimiento de los cuerpos en el universo. Por ejemplo, se utilizaba para predecir el movimiento de un proyectil lanzado al aire o el movimiento de un planeta alrededor del sol. Además, las leyes de la gravedad de Newton establecían cómo los objetos sueltos caían bajo su influencia. En esta física clásica, el tiempo y el espacio eran considerados absolutos, lo que significa que el tiempo transcurría de manera uniforme en todas partes y el espacio era un marco de referencia fijo e independiente. Esto se reflejaba en la ecuación de velocidad, $v = e / t$, donde v es la velocidad, e es la distancia recorrida y t es el tiempo transcurrido. Indudablemente, la física clásica de Newton representó un impresionante avance en nuestra comprensión del movimiento de los cuerpos en el universo. No obstante, esta teoría encontraba sus limitaciones al enfrentarse con velocidades cercanas a la velocidad de la luz. A velocidades pequeñas, las ecuaciones de Newton funcionaban perfectamente y permitían predecir con exactitud el movimiento de los cuerpos. Sin embargo, cuando se aumentaba la velocidad, las ecuaciones de Newton comenzaban a fallar y los resultados obtenidos no coincidían con los experimentos realizados.

Por ejemplo, al aplicar las ecuaciones de Newton a velocidades cercanas al 10% de la velocidad de la luz en el vacío (C), siendo C = 3.108 m/s, se obtenían resultados que no se correspondían con la ley de las transformaciones de velocidades galileanas aplicadas a la luz. Esto llevó a la necesidad de desarrollar una nueva teoría, la teoría de la relatividad especial de Einstein, que permitiría explicar fenómenos a grandes velocidades.

En 1881 y 1887, dos científicos, Albert Michelson y Edward Morley, llevaron a cabo una serie de experimentos con el objetivo de medir la velocidad de la luz en relación con la velocidad de la fuente. Utilizaron un dispositivo conocido como interferómetro, que les permitió medir con gran precisión la velocidad de la luz en diferentes direcciones.

Los resultados de estos experimentos concluyeron que la velocidad de la luz es independiente de la velocidad de la fuente y es la misma para todos los observadores. Es decir, la velocidad de la luz no está sujeta a la ley de suma de velocidades de la mecánica de Galileo y Newton. Este hallazgo fue sorprendente y contrario a lo que se esperaba en ese momento, ya que las leyes de Galileo y Newton sugerían que la velocidad de un objeto se sumaría a la velocidad de la fuente.

Este descubrimiento fue crucial para el desarrollo de la teoría de la relatividad especial de Einstein, que establece que la velocidad de la luz en el vacío es constante y es la misma para todos los observadores, independientemente de su movimiento relativo entre sí. La comprensión de este fenómeno revolucionó la física y llevó a una comprensión más profunda de la naturaleza del tiempo y el espacio.

Antes de los experimentos de Michelson-Morley, se creía que, si un objeto se movía en la misma dirección que el éter, la velocidad de la luz se sumaría a la velocidad del objeto, lo que resultaría en una velocidad de la luz mayor.

Por otro lado, si el objeto se movía en dirección opuesta al éter, la velocidad de la luz se restaría de la velocidad del objeto, lo que resultaría en una velocidad de la luz menor. Sin embargo, el experimento de Michelson-Morley demostró que esta idea del éter era incorrecta. Mostró que la velocidad de la luz es siempre la misma, independientemente de la velocidad de la fuente o del observador, lo que significa que el éter no existe. Es relevante mencionar que antes de los experimentos de Michelson-Morley, James Clerk Maxwell ya había demostrado en su artículo de 1865 denominado "*Una teoría dinámica del campo electromagnético*" que la luz se mueve a través del vacío con una velocidad constante. Esto proporcionó una base teórica para los experimentos de Michelson-Morley que se llevaron a cabo posteriormente.

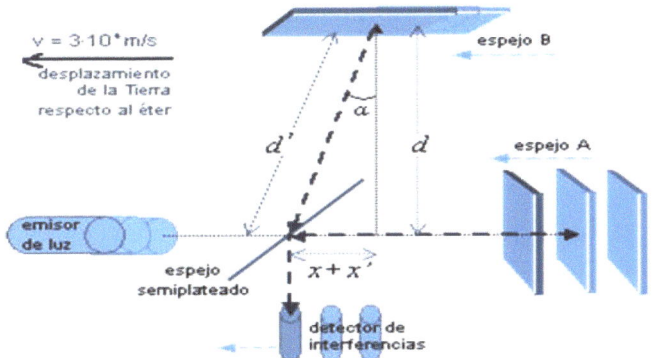

El experimento de Michelson-Morley

El experimento de Michelson-Morley, que demostró que la velocidad de la luz es independiente de la velocidad de la fuente y es la misma para todos los observadores, fue uno de los pilares en la construcción de la teoría de la relatividad especial de Einstein. Sin embargo, aún quedaba la tarea de explicar cómo era posible que todas las longitudes físicas se mantuvieran constantes a pesar de la invarianza de la velocidad de la luz.

Para dar respuesta a esta pregunta, dos físicos, George FitzGerald y Hendrik Lorentz, propusieron que, para explicar la invarianza de la velocidad de la luz, era necesario que todas las longitudes físicas se contrajeran por un factor de: $\sqrt{1 - \frac{v^2}{c^2}}$.

Donde v es la velocidad de un objeto y c es la velocidad de la luz en el vacío. Esta propuesta, conocida como la contracción Lorentz-FitzGerald, fue una de las piezas fundamentales en el desarrollo de la teoría de la relatividad especial y se convirtió en una herramienta importante para entender cómo funcionan los fenómenos a velocidades cercanas a la velocidad de la luz.

Galileo ya había establecido el principio de la simetría, en el que las leyes físicas deberían de ser idénticas para cualquier observador que tenga velocidad contaste, esto sin importar la dirección y la magnitud de la velocidad, que por cierto más adelante Albert Einstein uso mismo principio para su teoría de relatividad.

Hendrik Lorentz, uno de los dos físicos mencionados anteriormente, fue el primero en proponer una explicación matemática para la invarianza de la velocidad de la luz. Él ideó un conjunto de fórmulas conocidas como "*La transformación del tiempo y espacio*", las cuales le permitieron calcular cómo el espacio y el tiempo se comportan cuando un cuerpo se mueve a velocidades extremadamente altas, incluso comparadas con la velocidad de la luz en el vacío.

Transformación de coordenadas de Lorentz: En la mecánica clásica de Newton, se utiliza un conjunto de fórmulas para calcular la velocidad, el espacio y el tiempo de un objeto en movimiento. Estas fórmulas se basan en el principio de la suma de velocidades, según el cual, la velocidad de un objeto se suma a la velocidad de la fuente. Sin embargo, estas fórmulas solo son válidas para velocidades pequeñas en comparación con la velocidad de la luz en el vacío.

$$x' = x + vt$$
$$t' = t$$

Esta ecuación representa la posición de un objeto en movimiento con una velocidad constante v en un sistema de referencia inercial, x' es la posición final del objeto en el tiempo t', mientras que x es su posición inicial y t es el tiempo transcurrido. La segunda parte de la ecuación, t' = t, indica que el tiempo medido en el sistema de referencia inercial no cambia con el movimiento del objeto. Esto es una consecuencia de la noción de tiempo absoluto en la mecánica clásica. Con el descubrimiento de la invarianza de la velocidad de la luz, se hizo necesario desarrollar una nueva fórmula para calcular la velocidad, el espacio y el tiempo en situaciones en las que las velocidades son comparables a la velocidad de la luz en el vacío. La transformación de Lorentz es una de estas ecuaciones, que permite calcular cómo el espacio y el tiempo se deforman a medida que un objeto se acerca a la velocidad de la luz. Esta fórmula se expresa como:

$$x' = \frac{x + vt}{\sqrt{1 - \frac{v^2}{C^2}}}$$

$$y' = y$$
$$z' = z$$

$$t' = \frac{t + \frac{v}{C^2}x}{\sqrt{1 - \frac{v^2}{C^2}}}$$

La notación utilizada en esta fórmula es la siguiente: las coordenadas con apostrofe representan a un observador en movimiento y las coordenadas sin apostrofe representan al segundo observador en reposo. C es la velocidad de la luz en el vacío, v es la velocidad del objeto, t es el tiempo y x, y, z son las coordenadas en el espacio. Esta fórmula permite calcular cómo el espacio y el tiempo se deforman en un sistema de referencia en movimiento en relación a otro sistema de referencia en reposo, lo que es esencial para entender cómo funcionan los fenómenos relacionados con la relatividad especial.

Vamos a ilustrar un ejemplo para entender cómo se aplican las transformaciones de Lorentz en el caso de un cuerpo en movimiento.

Supongamos que tenemos una flecha de 1 metro de longitud que se está moviendo a una velocidad del 60% de la velocidad de la luz en el vacío, Según las transformaciones de Lorentz, esta flecha se contraería en la dirección del movimiento por el factor: $\sqrt{1-\frac{v^2}{c^2}}$

Para calcular cuánto será su medida después, primero debemos calcular la velocidad en términos de la velocidad de la luz. En este caso, la velocidad de la flecha es de 0.6c. Entonces, podemos reemplazar los valores en la fórmula:

$$\text{Flecha} = \sqrt{1-\frac{v^2}{c^2}}$$

$$\text{Flecha} = \sqrt{1-0{,}6^2}$$

$$\text{Flecha} = \sqrt{0{,}64}$$

$$\text{Flecha} = 0.8\text{m}$$

Por lo tanto, la flecha se contraería por un factor de 0.8m en la dirección del movimiento. Esto significa que la flecha, que originalmente tenía una longitud de 1 metro, se contraería a una longitud de 0.8 metros para un observador que se mueva junto con la flecha. La contracción de la flecha es causada por la relatividad especial, que establece que la velocidad de la luz es constante para todos los observadores inerciales. Esto significa que, si un observador ve un objeto moviéndose a una velocidad cercana a la de la luz, el objeto parecerá más corto en la dirección del movimiento. El efecto de contracción es más pronunciado cuanto mayor sea la velocidad del objeto. En este caso, la flecha se movió a una velocidad del 60% de la velocidad de la luz, lo que provocó una contracción de 20%. Si la flecha se hubiera movido a una velocidad más cercana a la de la luz, la contracción habría sido aún mayor.

Ahora veamos un ejemplo para dilatación del tiempo. Tenemos el Pion mesón π que posee una vida media de 1.8 x 10 $^{-8}$ segundos, se acelera en un sincrotrón hasta el 60% de la velocidad de la luz, entonces el tiempo de desintegración se va alargar por el factor. $\sqrt{1-\frac{v^2}{c^2}}$.

$$t' = \frac{1}{\sqrt{1-\frac{v^2}{c^2}}} = \frac{1}{\sqrt{1-0.6^2}} = \frac{1}{\sqrt{1-0.64}} = 1.25$$

Sabemos que la vida media del mesón π =1.8 x 10 $^{-8}$ seg.

Ahora multipliquemos por el factor de desintegración que 1.25 x 1.8 x 10 $^{-8}$ seg = 2.25 x10 $^{-8}$ seg

El tiempo de vida media del mesón π se ha alargado, como se puede observar en el cálculo realizado previamente. Este fenómeno nos lleva a plantearnos y analizar la famosa paradoja de los gemelos, la cual es explicada en detalle en el capítulo 1 de mi libro "**LA MENTE HUMANA ANTE LOS MISTERIOS DEL UNIVERSO**".

La paradoja de los gemelos

La Teoría de Relatividad: La teoría de relatividad consta de dos teorías: La teoría de relatividad especial o restringida publicado en 1905 y la teoría de relatividad general publicado en el 1915.En 1905, el físico Albert Einstein presentó un artículo titulado *"Zur Elektrodynamik bewegter Körper"* en los *Annals of Physics* de Alemania, en el cual revolucionó nuestra comprensión del espacio, el tiempo y la realidad misma. Con este trabajo, Einstein dio un vuelco completo a la visión tradicional del espacio y tiempo de Newton, que se consideraban absolutos, y presentó la teoría de relatividad especial o restringida.

Teoría Especial o Restringida de la Relatividad: Esta teoría se refiere a los fenómenos físicos en relación a los Sistemas de Referencia Inerciales (S.R.I), lo que significa que solo se analizan sistemas con velocidad cero o movimiento rectilíneo uniforme, pues este trabajo es considerado como una de las contribuciones más importantes de Einstein a la física y lo posiciona como uno de los mayores físicos de la historia después de Newton. Esta famosa teoría se basa en dos postulados.

➢ **Principio de Relatividad.** En la teoría de la relatividad especial de Einstein, se establece que las leyes de la física son las mismas para todos los Sistemas Referenciales Inerciales (S.R.I). Esto significa que no existe un sistema inercial privilegiado o absoluto, sino que todos son equivalentes. Esta idea es una generalización de la mecánica newtoniana, que establecía que las leyes de la física deben ser las mismas para todos los marcos referenciales, pero Einstein la extendió a todas las ramas de la física, como la mecánica, termodinámica, electromagnetismo, entre otras. Por ejemplo, si medimos la velocidad de la luz en un laboratorio en reposo, debería ser la misma que cuando medimos la velocidad de la luz en un laboratorio que se mueve con velocidad constante. Esto significa que no existe un S.R.I privilegiado que nos permita percibir el movimiento absoluto. En otras palabras, la velocidad de la luz es constante para todos los observadores inerciales, independientemente de su movimiento relativo.

➢ **Principio de constancia de la velocidad de la luz.** Este principio nos dice que la velocidad de la luz es invariable para todos los Sistemas Referencias Inerciales, que el rayo de la luz se mueve con velocidad "c", sin importar que lo produce, más aún si esto puede estar en reposo o en movimiento. El valor de la velocidad de la luz en el vació es C= 300.000 Km/s o 3.10^8 m/s. La teoría de la relatividad especial fue tan revolucionaria que cambio nuestra forma de entender el mundo físico, es así que sus ecuaciones repercutieron con nuestro sentido común, como son la contracción del espacio, la dilatación del tiempo, la velocidad de la luz como límite universal, la equivalencia entre masa y energía, la simultaneidad, la paradoja de los gemelos entre otros, siendo la fórmula más conocido $E=mc^2$ Debemos recordar se llamó especial o restringida, debido a no incluía la gravedad para analizar los fenómenos, ya para el año de 1915 Albert Einstein incluye la gravedad en su otra obra magnifica la teoría de relatividad general.

Teoría General de la Relatividad: En torno al año 1907, Einstein empezó a trabajar de lo que hoy conocemos como la teoría de la relatividad general. En ese momento, muchos físicos creían que la gravedad ya estaba completamente explicada por la ley de la gravitación universal de Newton. Sin embargo, Einstein se embarcó en un intenso proceso de investigación que duró 8 años. Finalmente, el 25 de noviembre de 1915, presentó ante la Academia Prusiana de las Ciencias las diez ecuaciones fundamentales conocidas como las "Ecuaciones de

Campo de Einstein", que constituyen el núcleo esencial de la teoría de la relatividad general. Estas ecuaciones establecen una conexión profunda entre la densidad local de materia y energía y la geometría del espacio-tiempo. Es un hito histórico en la física que ha revolucionado nuestra comprensión del universo.

Uno de los grandes legados que nos dejó Albert Einstein fue su teoría de la relatividad, tanto especial como general, que revolucionó nuestra comprensión del tiempo, el espacio y la interacción entre la masa y la energía. La teoría de la relatividad especial nos muestra que el tiempo y el espacio son entidades flexibles y sujetas a cambios, y que su percepción varía dependiendo de la velocidad del observador. Por otro lado, la teoría de la relatividad general va más allá al sugerir que la masa y la energía también afectan la geometría del espacio-tiempo, generando la fuerza de la gravedad.

En mi libro "**LA MENTE HUMANA ANTE LOS MISTERIOS DEL UNIVERSO",** he dedicado un capítulo completo a la teoría de la relatividad, donde explico de manera detallada los conceptos clave que subyacen a esta teoría fascinante. Comienzo con una descripción profunda de la teoría de la relatividad especial, que aborda cómo los fenómenos físicos se comportan en sistemas de referencia inerciales. Luego, me adentro en la teoría de la relatividad general, que ha sido confirmada por una serie de experimentos, incluyendo la medición precisa de la órbita de Mercurio, el desplazamiento de la luz estelar en el campo gravitatorio del Sol y el descubrimiento de las ondas gravitatorias, eventos que respaldan y verifican la validez de esta teoría revolucionaria. En definitiva, la teoría de la relatividad es una joya intelectual que nos ha permitido comprender más profundamente el funcionamiento del universo y ha llevado a grandes avances en la ciencia moderna.

Albert Einstein después de la conferencia de Solvay

La Mecánica Cuántica: La teoría cuántica es un campo de la física moderna que describe el comportamiento de la materia y la energía a nivel atómico y subatómico. Es una teoría muy compleja y difícil de entender, incluso para los físicos más brillantes. "*Si crees que entiendes la Mecánica Cuántica, es que realmente no entiendes* ", es una frase atribuida al ganador del Premio Nobel de Física Richard Feynman. Esto se debe a que la teoría cuántica va en contra de nuestra intuición sobre cómo funciona el mundo. Por ejemplo, las partículas pueden estar en varios lugares a la vez, como se demuestra en el experimento de la doble rendija. Además, las partículas pueden comunicarse entre sí a través de distancias muy grandes, lo que se llama entrelazamiento cuántico. Estos fenómenos son muy difíciles de imaginar, y es por eso que la teoría cuántica es tan difícil de entender. A pesar de su complejidad, la teoría cuántica es una teoría muy importante. Porque explica una gran variedad de fenómenos, incluyendo la estructura de los átomos, el funcionamiento del láser y el comportamiento de la materia a temperaturas muy bajas, también es la base de muchas tecnologías modernas, incluyendo los transistores, los ordenadores, la energía nuclear. Y también es esencial para el desarrollo de nuevas tecnologías, como la computación cuántica y la comunicación cuántica. ¿Por qué la mecánica cuántica desafía nuestro sentido común?,. Incluso Albert Einstein, uno de los físicos más grandes de todos los tiempos, dudaba de la validez de la mecánica cuántica. Einstein dijo que "*Dios no juega a los dados*" y "*prefiero pensar que la luna está allí mientras no la observo*". Estas declaraciones se refieren a la idea de que la mecánica cuántica es probabilística, lo que significa que no puede predecir con certeza el comportamiento de las partículas, sino que solo puede proporcionar probabilidades de diferentes resultados. En mi libro "**LA MENTE HUMANA ANTE LOS MISTERIOS DEL UNIVERSO**", he dedicado un capítulo completo a esta fascinante teoría. ¡Le invito a leerlo y descubrir más!

CAPÍTULO II

EL ORIGEN, ESTRUCTURA Y FIN DEL UNIVERSO.

Cuestionando el Génesis Bíblico.

La idea de que Dios o alguna entidad sobrenatural creó el universo y todo lo que nos rodea, sigue siendo común entre amplios sectores de la población mundial, incluyendo en mi país, Perú. Sin embargo, es sorprendente que, en muchas instituciones educativas de diferentes niveles y sectores, aún se enseñe el creacionismo del Génesis de la Biblia como una explicación del origen del universo. Como docente e investigador, esta realidad me desconcierta y me preocupa, ya que la ciencia ha avanzado significativamente en la comprensión del universo y su origen.

En una encuesta que realicé en la ciudad de Lima el año 2019 a mil personas sobre el origen del universo, obtuve los siguientes resultados: El 85% de los encuestados mencionó que Dios es responsable de la creación del universo. El 10% indicó no saber cómo se originó el universo. El 5% mencionó tener conocimiento del Big Bang como teoría científica sobre el origen del universo.

Estos resultados son un reflejo del panorama cultural y educativo en nuestra sociedad, donde aún existe una fuerte creencia en explicaciones religiosas para el origen del universo, mientras que el conocimiento científico, como la teoría del Big Bang, aún no tiene una amplia difusión.

La ignorancia científica es alarmante, lo que lleva a que algunos grupos religiosos vean a los científicos y divulgadores como una amenaza a sus creencias arraigadas. En un país como el Perú, con un presupuesto educativo que apenas representa el 3% del PIB según el Banco Mundial, es difícil esperar una investigación científica de alto nivel en medio de la corrupción gubernamental.

La globalización ha ampliado las posibilidades de acceder a la información y el conocimiento científico, lo que ha sido especialmente beneficioso para personas interesadas en temas fascinantes como la Astronomía y la Cosmología. Gracias a la investigación científica y la amplia disponibilidad de recursos, podemos adquirir una comprensión más profunda en estos campos y, lo que es aún más valioso, compartir nuestros conocimientos con otros.

Según la mitología Bíblica Hebrea, *"En el principio creó Dios los cielos y la tierra. Y la tierra estaba a desordenada y vacía, y las tinieblas estaban sobre la faz del abismo, y el Espíritu de Dios se movía sobre la faz de las aguas."*- Génesis 1,2.

Si aceptamos la premisa de que Dios es el creador de los cielos y la tierra, como se afirma en la Biblia, surgen preguntas interesantes: ¿Dónde estuvo Dios antes de crear el Universo? ¿Cuándo ocurrió este evento de creación? ¿Por qué esperó un tiempo infinito para decidir crear? Estas y otras cuestiones invitan a reflexionar y cuestionar sobre la naturaleza del ser divino como omnisciente y todopoderoso.

Para abordar este tipo de interrogantes, la religión no proporciona respuestas convincentes. Algunos eruditos bíblicos, como John Lightfoot en 1642, han propuesto fechas específicas para el origen del universo, como el 17 de diciembre de 3928 a.C. Posteriormente, el arzobispo de Armagh, James Ussher, modificó esta fecha al establecer que fue el 3 de octubre de 4004 a.C. Por otro lado, San Agustín también consideraba que el origen del universo ocurrió hace unos 5.000 años a.C., una idea que luego fue aceptada por la Iglesia Católica. Sin embargo, estas interpretaciones se basan en cálculos y análisis de textos religiosos, que no tienen ningún valor científico.

"*Y dijo Dios: Hágase la luz, y hubo luz. Y vio Dios que la luz era a buena, y separó Dios la luz de las tinieblas. Y llamó Dios a la luz Día, y a las tinieblas llamó Noche. Y fue la tarde y la mañana el día primero*". Génesis 3,4,5.

Si aceptamos este relato, surge una pregunta: ¿Cómo es posible que existiera luz antes de la creación del sol? Si las estrellas, incluido el sol, fueron creadas en versículos posteriores, entonces la luz ya habría estado presente sin necesidad de ser creada.

No habría ningún problema si consideramos todos estos versículos como otros mitos que existen en el mundo intentando explicar el origen del universo, debemos recordar que fueron escritos por personas en la edad del Bronce sin una formación científica y solamente con la intuición y el conocimiento empírico disponible en ese momento para comprender el mundo que los rodeaba. Por lo tanto, es comprensible que los relatos no se ajusten a la comprensión científica actual del universo.

El problema surge cuando se interpretan los relatos bíblicos como verdades absolutas y se enseñan a los niños como tal, atribuyéndoles a un Dios sabio, omnipotente y omnisciente. Sin embargo, la Biblia contiene contradicciones y errores evidentes para cualquier lector, aunque solo los fanáticos religiosos lo acepten sin cuestionar. Resulta difícil de comprender cómo la palabra de Dios podría contener errores e incongruencias.

Es preocupante que la Biblia sea utilizada como material de enseñanza en el Currículo Nacional de la Educación Básica (CNEB) del Ministerio de Educación de países como Perú. Es importante garantizar que la enseñanza en las escuelas se base en conocimientos científicos y racionales, no en creencias religiosas arraigadas como el cristianismo que nubla el pensamiento crítico y la comprensión objetiva del mundo que nos rodea.

Otro problema de gran relevancia surge en las clases de ciencias cuando algún estudiante, influenciado por el adoctrinamiento del cristianismo, responde que los planetas, estrellas y otros cuerpos celestes son "*Ángeles de Dios*". Esta situación evidencia cómo el sistema educativo ha implantado en la mente de los niños una creencia incuestionable y errónea, lo cual afecta negativamente su capacidad de desarrollar el pensamiento crítico y formar opiniones basadas en la evidencia y el conocimiento científico.

Pero, ¿Cómo explica la ciencia moderna el origen del universo? Embárquese en un fascinante viaje de 13.800

millones de años hacia los misteriosos lugares como la singularidad del Big Bang y los enigmáticos agujeros negros. Además, podrá visitar espectaculares regiones donde las estrellas y planetas nacen y evolucionan en nubes moleculares gigantes, como la nebulosa de Carina y la nebulosa del Águila, solo por mencionar algunos ejemplos. En estos asombrosos lugares, podremos observar la formación y destrucción de estrellas, así como la creación de materiales fundamentales para futuros planetas. Esta travesía nos llevará a recorrer paisajes cósmicos impresionantes y nos permitirá explorar algunos de los fenómenos más sorprendentes del universo. A través de la ciencia, podremos desentrañar los secretos del cosmos y maravillarnos con la belleza y complejidad de su evolución a lo largo del tiempo.

La Nebulosa de Carina y la Nebulosa del Águila son dos de los lugares más misteriosos y fascinantes del universo. Estas vastas regiones de espacio están repletas de misteriosos fenómenos y procesos cósmicos. La Nebulosa de Carina es una gigantesca nube de gas y polvo situada en la constelación de Carina, a unos 7,500 años luz de distancia de la Tierra. Es una de las nebulosas más grandes y brillantes del cielo nocturno. En su interior, se encuentran estrellas jóvenes y masivas que emiten intensa radiación y vientos estelares poderosos. Además, en el corazón de la nebulosa se encuentra Eta Carinae, una estrella binaria extremadamente masiva que ha experimentado eventos de erupción y expulsión de material en el pasado, lo que ha dejado una huella visible en la nebulosa. Por otro lado, la Nebulosa del Águila es otra espectacular región de formación estelar, ubicada en la constelación del Serpiente. Es conocida por su famosa estructura de pilares de gas y polvo, denominado también "pilares de la creación" que se asemejan a las patas de un águila, de ahí su nombre. Estos pilares son lugares de intensa formación estelar, donde nacen nuevas estrellas y protoplanetas a partir del material circundante.

CONOCIENDO LA MENTE DE DIOS

Nebulosa Carina captura por el telescopio James Webb

Nebulosa Águila captura por el telescopio James Webb

En julio de 2023, el Gran Telescopio Espacial James Webb logró captar en imágenes el fascinante nacimiento de varias estrellas similares a nuestro sol. Estas estrellas se encuentran en el complejo de nubes Rho Ophiuchi, situado a una distancia de 390 años luz de la Tierra. Este asombroso descubrimiento proporciona un claro ejemplo de cómo los planetas y sistemas solares evolucionan y se forman a través de procesos naturales, en lugar de ser creados por seres sobrenaturales, como se menciona en el Génesis bíblico.

El complejo de nubes Rho Ophiuchi.

Universo Estacionario y La paradoja de Olbers

Este modelo de universo fue propuesto por Hermann Bondi, Fred Hoyle y Thomas Gold en 1948, en cual está basado en la física de Newton y Matemática de Euclides, donde el espacio y tiempo son absolutos por ente infinitos que no aumenta ni disminuye de tamaño, el universo no tiene principio ni final, existió desde siempre para siempre con una cantidad infinita de galaxias. Este modelo de universo, presentaba una seria de problemas, tales como: Si el universo tiene una edad infinita significa que no debería de haber la oscuridad debido a que la luz de todas las estrellas irradiaría todo el espacio, también las estrellas tenían que haber agotado su combustible, por ende, no seguir brillando desde y hasta la eternidad.

La paradoja de Olbers: Según los filósofos de la antigua Grecia como Platón y Aristóteles, creían que el mundo era eterno, perfecto, inmutable, invariable que debe de haber existido y existir para siempre, pues esto es claro para evitar pensar de cómo empezó a existir, entonces si el universo tuvo su origen esto implica que alguien o algo debió haber iniciado esto es lo que los religiosos usan para argumentar a favor de la existencia de Dios.

En 1823, el astrónomo alemán Heinrich Wilhelm

Olbers planteó una pregunta importante: ¿Por qué el cielo nocturno es oscuro, a pesar de que el universo es infinito y lleno de estrellas, como lo proponían los defensores del universo estacionario? Si el universo ha existido por un tiempo infinito y está lleno de estrellas infinitas, entonces todo el cielo debería estar iluminado, pero esto no es el caso. Esta paradoja representa un gran problema y posteriormente se conoció como la paradoja de Olbers.

Fotografía de una noche oscura.

Olbers argumentó que, si el universo es infinito y está lleno de estrellas, entonces todas las líneas de visión deben converger en algún punto, y el cielo nocturno debería estar iluminado constantemente, también si la luz de las estrellas distantes estuviera oscurecida por la absorción de polvo y gas interestelar o por la materia intermedia entre el observador, entonces esta materia intermedia se calentaría y se iluminaría al igual que las demás estrellas. Sin embargo, el cielo nocturno sigue siendo oscuro, lo que indica que algo más está sucediendo.

A pesar de que la paradoja de Olbers parece ser un desafío aparentemente simple, no fue resuelta incluso por el científico afamado Albert Einstein el cual defendía el modelo estacionario, a pesar de que existían montón de evidencias de la expansión del universo. La solución propuesta por Olbers es que las estrellas no han estado iluminadas desde siempre, sino que se encendieron hace un tiempo finito. Esto significaría que la materia absorbente aún no se habría calentado y que la luz de las estrellas más lejanas aún no habría llegado hasta nosotros. En la actualidad, la solución aceptada a la paradoja de Olbers es que el universo tiene una edad finita. Esto significa que solamente la luz de una cierta cantidad de estrellas ha tenido tiempo de llegar hasta nosotros, y que, debido a la expansión del universo, la luz de galaxias muy alejadas todavía no ha tenido tiempo suficiente para alcanzarnos.

Imagen de Heinrich Wilhelm Olbers.

Universo en Expansión y el Efecto Doppler

Esta historia comenzó en 1929 cuando Edwin Hubble con las observaciones recopiladas por el astrónomo Vesto Slipher, publicó sus hallazgos a la comunidad científica, demostrando que el universo está en expansión, pero Hubble no observó directamente que el universo se está expandiendo, sino que el espectro emitida por las galaxias lejanas cambiaban en una forma cuantitativamente, es decir la luz infrarroja de las galaxias más lejanas eran menos visible que la luz visible de las galaxias más cercanas, entonces Hubble consiguió determinar sus velocidades, que posteriormente se denominaría la ley de Hubble-Lemaître

Este descubrimiento fue inesperado, inclusive Einstein rechazo enérgicamente inventando la constancia de la densidad del universo, a la cual lo llamo $Ro(\rho)$, pero a pesar de los detractores y con evidencias contundentes se convertiría en un pilar básico para la teoría del Big Bang.

El efecto Doppler: El corrimiento al rojo, también conocido como "desplazamiento hacia el rojo", es un fenómeno que ocurre en la frecuencia o longitud de onda de la luz o el sonido cuando el emisor y el receptor se mueven relativamente el uno respecto al otro. Es importante destacar que este efecto se produce tanto en ondas electromagnéticas como ondas mecánicas. Por ejemplo, imaginemos que usted está parado en una esquina y un coche de la policía se acerca tocando la sirena. Escuchará que la sirena suena más aguda debido a la compresión de las ondas sonoras que se mueven hacia usted. Sin embargo, cuando el coche se aleja, la sirena suena más grave debido al estiramiento de las ondas sonoras que se alejan de usted.

En el caso de la luz, este fenómeno puede observarse en las estrellas que se mueven alejándose de nosotros. La longitud de onda de la luz de estas estrellas se alarga, lo que resulta en un desplazamiento hacia el rojo en el espectro de luz visible. Este efecto es conocido como "desplazamiento hacia el rojo cosmológico" y es una prueba importante del universo en expansión. Si medimos la luz de todas las galaxias del universo observable, se llega a la conclusión que las galaxias se están alejando unos de otros, y es más velozmente los que se encuentras más lejanos, esto quiere decir que el universo se está expandiendo, como la superficie de un globo inflado, pues bien, si el universo se expande esto significa que, si retrocedemos en el tiempo todas las galaxias estuvieron más juntas unas de las otras, y si retrocedemos más y más en el tiempo llegaremos hasta donde las galaxias estuvieron todas juntas en un solo punto, que más adelante lo llamaremos las singularidad del Big Bang.

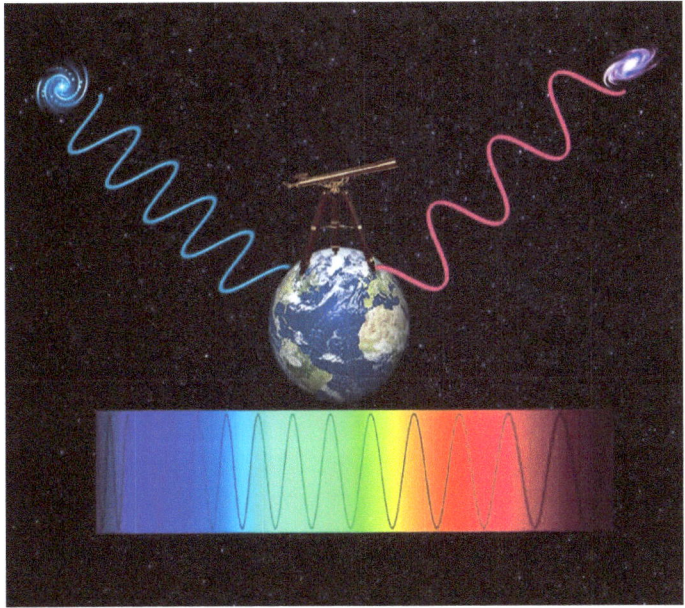

El efecto Doppler también es válido para las ondas de luz de las galaxias. Si una galaxia se aleja de la Tierra, las ondas se verán alargadas, es decir están desplazados hacia el rojo, por otro lado, si la galaxia se acerca veremos que las ondas están comprimidas, es decir están desplazadas hacia el azul.

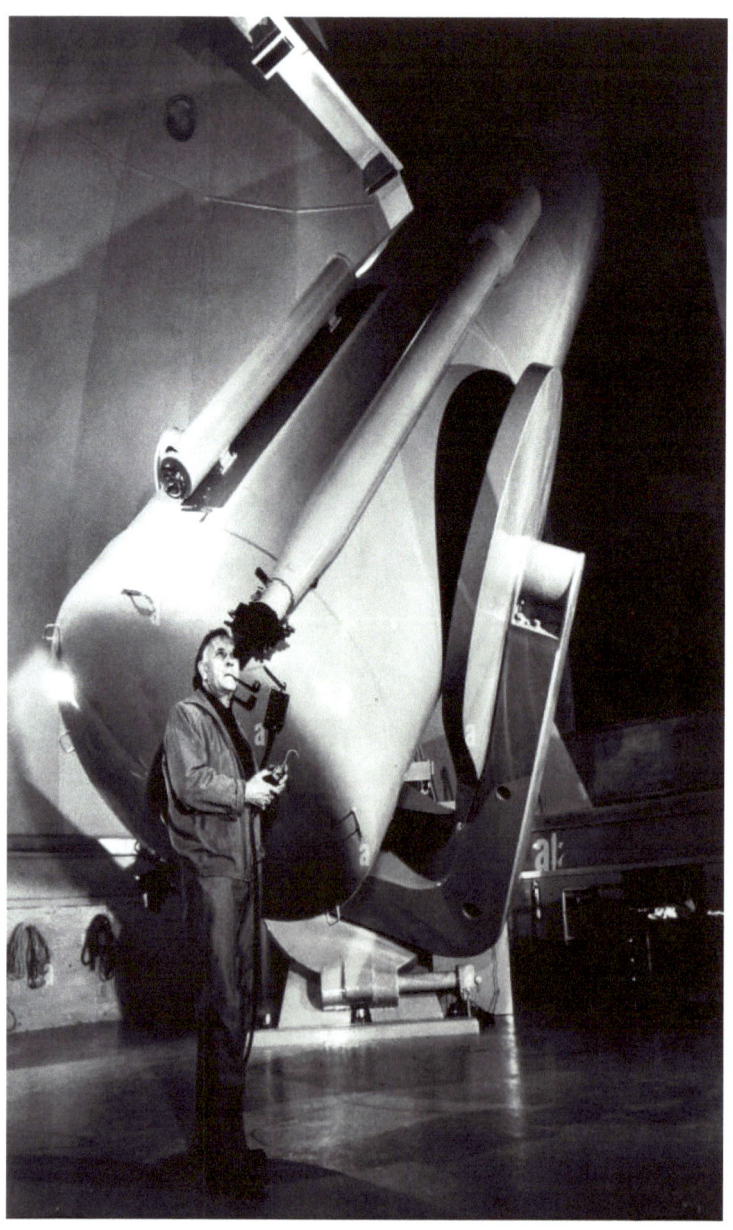

Edwin Hubble en el observatorio del monte Wilson.

El padre del Big Bang

Actualmente, los cosmólogos coinciden en que el universo tuvo su origen hace aproximadamente 13 a 14 mil millones de años, a través de un evento impresionante conocido como el Big Bang o la Gran Explosión. Sin embargo, es crucial aclarar que esta "explosión" no fue en el sentido convencional, sino una expansión del espacio.

La teoría del Big Bang cuenta con múltiples evidencias que la respaldan. Una de ellas es la radiación cósmica de fondo de microondas (CMBR), que puede ser observada como el "ruido" en la pantalla de un televisor sin señal. Otra evidencia es la segunda ley de la termodinámica, que mide el aumento de desorden en un sistema cerrado a través de la entropía. Además, fenómenos como el corrimiento al rojo de las galaxias, la paradoja de Olbers y la flecha del tiempo también brindan soporte a esta teoría, y serán explorados en detalle en los capítulos siguientes.

En 1922, el matemático ruso Alexander Friedmann hizo un descubrimiento significativo al encontrar las primeras soluciones de la relatividad general de Albert Einstein aplicadas a la cosmología. Estas soluciones describen diferentes tipos de universos, algunos con curvatura positiva, otros con curvatura cero y también con curvatura negativa.

El primer modelo sugiere que el universo se expande y luego colapsa, con el espacio curvado sobre sí mismo, similar a la superficie de una esfera. Por lo tanto, tendría una extensión finita.

En el segundo modelo, el universo se expande eternamente, pero el espacio está curvado en sentido opuesto, como la superficie de una silla de montar, lo que implicaría que el espacio es infinito.

Imagen de Alexander Friedmann.
En el tercer modelo, el Universo tiene una velocidad crítica de expansión, lo que significa que el espacio no está curvado y, por lo tanto, también es infinito. En esta configuración, el universo se expande de manera equilibrada, ni colapsa ni se expande de forma acelerada, manteniendo una extensión ilimitada.

La fórmula que planteó Friedmann para k =0,1,-1 es:

$$\left(\frac{R}{R}\right)^2 \quad \frac{8}{3}\pi G\rho = \frac{kC^2}{R^2}$$

Donde:

R: Es el factor de escala del universo

G: Es la constante de la gravitación

K: Es la curvatura gaussiana cuando

C: Es la velocidad de la luz.

Esta fórmula describe la interacción entre la expansión del universo y la densidad de materia y energía, y se utiliza para comprender cómo el universo ha evolucionado a lo largo del tiempo.

Imagen de Georges Lemaître.

CONOCIENDO LA MENTE DE DIOS

En 1927 Georges Lemaître un astrónomo, matemático y sacerdote belga, volvió demostrar que las ecuaciones de la relatividad general implicaban que nuestro universo no puede ser estático, bien tenía que estar expandiendo o contrayendo había nacido de una minúscula partícula llamado "átomo primitivo" con una densidad infinita, que con el tiempo creció hasta convertirse como observamos en la actualidad con miles y millones de galaxias, supercúmulos e hipercúmulos, gracias a esto aportación se le llama padre del Big Bang. El modelo propuesto por Lemaître de un universo que tuviera un principio no le agradaba a la mayoría de la comunidad científica como a Fred Hoyle defender la teoría estacionario. Lo más curioso fue el mismo Hoyle quien acuñó el término Big Bang, como una forma despectiva. Cuando la comunidad científica aceptó por fin que el universo no es estático, sino que está en expansión, esto implicó profunda transformación filosófica, religiosa y cultural; porque los científicos parecían haber demostraba el génesis bíblico de la creación, si el universo tuvo un principio, entonces eso debió ser DIOS, esto alegró a muchos religiosos que por milenios pensaron que Dios creó el cielo y la tierra(Universo), por ejemplo, en 1951 el papa Pío XII dijo las siguientes palabras: *Parecería que la ciencia contemporánea, con un salto al pasado, por encima de los siglos, hubiera logrado atestiguar el instante del Fiat Lux [«Hágase la luz»] primordial, cuando, junto con la materia, brotó de la nada un mar de luz y radiación, y los elementos se dividieron y revolvieron para formar millones de galaxias. Así, con el carácter concreto que caracteriza las pruebas materiales, [la ciencia] ha confirmado la contingencia del universo, así como una deducción bien fundamentada sobre la época en la que el mundo surgió de manos del Creador. Es decir: Existió una creación. Y a esto decimos: «Por lo tanto, existe un Creador. Por lo tanto, ¡Dios existe!».*

A pesar de ser un sacerdote católico y científico, Georges Lemaître discrepó con las afirmaciones del Papa y expresó su opinión con la famosa frase: "*Hasta donde puedo ver, esta clase de teoría es completamente ajena a toda cuestión metafísica o religiosa*". Este comentario hizo que el Papa no volviera a opinar en público sobre temas relacionados con el universo.

En 1965 se obtuvieron los primeros resultados de las observaciones con el descubrimiento de fondo de microondas, esta radiación cósmica de fondo de microondas o CMBR (siglas en ingles de Cosmic

Microwave Background Radiation), es Esta radiación es similar a las microondas que utilizamos para calentar alimentos, pero Esta radiación de fondo proviene del universo primigenio, que en sus inicios era muy caliente y denso, extendiéndose por todo el espacio después del Big Bang. Con el tiempo, debido a la expansión del universo, la radiación se enfrió hasta convertirse en el tenue remanente que observamos ahora. Cuando sintonizamos un televisor a un canal sin señal, aparece el "ruido" o "nieve" en la pantalla, lo cual es el último remanente del Big Bang.

Canal de un Tv sin señal.

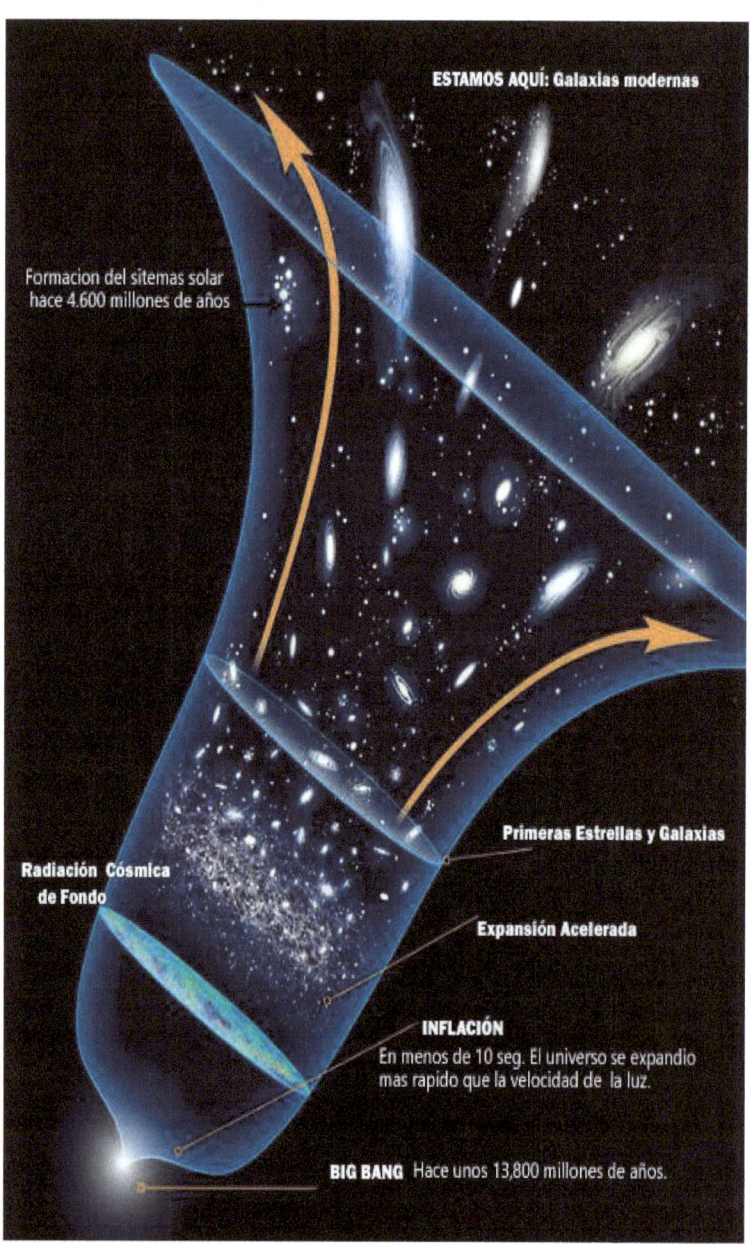

Descripción Gráfica del Big Bang

CONOCIENDO LA MENTE DE DIOS

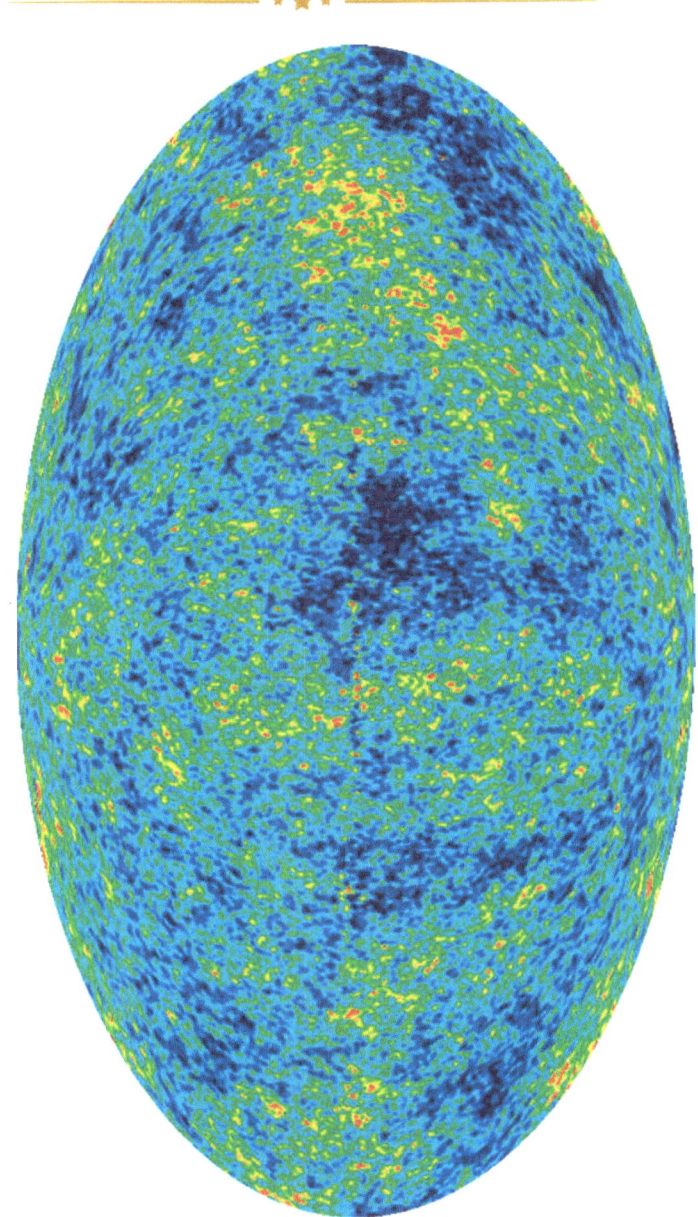

Imagen detallada de todo el cielo del fondo cósmico de microondas, créditos a Wilkinson de la NASA

Eras del Big Bag

El término y la naturaleza del Big Bang a menudo son mal interpretados por personas sin formación científica, quienes lo comparan con explosiones de dinamita o bombas atómicas en un vacío preexistente; lo que en realidad quiere decir es que el propio espacio, tiempo la materia nace en este único evento, por lo tanto, no hay necesidad de citar un lugar o una fecha, porque no tendría sentido.

El Big Bang fue un acontecimiento donde surge todo el universo en su totalidad, no hubo "ANTES" por qué no existía el tiempo. Debido a la expansión del universo podemos rastrear la evolución cósmica y remontamos al mismísimo comiendo a la era Planck al instante 10^{-43} segundos un tiempo inimaginablemente muy corto donde la densidad es infinita y la temperatura es de aproximadamente 10^{30} grados, donde existe solo un punto infinitesimal y las cuatro fuerzas fundamentales y las leyes de la naturaleza estaban apretujados que más adelante darán lugar a una gran expansión nunca antes visto, del por qué inició este evento no lo sabemos, debido a que aún no tenemos una teoría unificada. Cabe aclarar que la teoría del Big Bang describe el proceso de la evolución cósmica mas no la pregunta ¿Qué hubo antes del Big Bang? o ¿Quién lo causó el Big Bang?, pero de algún modo las cuatro fuerzas lograron separarse así creando el espacio, tiempo y la materia con la expansión, para entender la evolución cósmica veremos las etapas o eras cósmicas.

Era de la Nada: Perteneciente al tiempo 0 segundos, en el que las cuatro fuerzas fundamentales de la naturaleza se encontraban apretujados y las leyes físicas conocidas no funcionaban allí. En este reino primordial simplemente no ocurría ni acontecía NADA. Es en este punto que los científicos sugieren que el universo surgió de una entidad denominada la "NADA" o la singularidad. Sin embargo, debemos tener presente que este concepto para un científico no es ausencia absoluta de materia, tiempo y espacio. En realidad, la "NADA" está impregnada de fluctuaciones cuánticas y campos energéticos, una realidad más compleja de lo que nuestra percepción limitada puede captar. Es importante señalar que esta definición resulta contradictoria y desafiante para los teólogos, quienes necesitan aferrarse a la noción de "nada" para atribuir cualidades a un ser supremo. De esta manera, surge el debate en torno a la creación a partir de la nada, una disonancia entre la ciencia y la teología. Por su puesto estos ya son conceptos metafísicos que en mi libro **"NUESTRO ORIGEN CÓSMICO"**, explico estos y otros temas trascendentales, como: ¿Dios causó el Big Bang? ¿Quién o qué es Dios? ¿Por qué el universo existe? ¿Por qué el universo está escrito en lenguaje matemático? ¿Puede el universo crearse de la nada? Y otros temas.

Cuando finaliza la era 0 y la vida del universo coincide con el llamado tiempo de Planck que es 10^{-43} segundos que fue extremadamente breve.

Era de Planck: Es una era perteneciente a 10^{-43} segundos hasta aproximadamente 10^{-36} segundos después del inicio. Durante esta era, el universo era extremadamente denso y caliente, con una temperatura de alrededor de 10^{32} Kelvin, las leyes de la física aún no se aplicaban, y los conceptos como el espacio y el tiempo no tenían sentido. En lugar de partículas individuales, la materia durante esta era estaba compuesta por un "pimiento" de partículas subatómicas y energía. Estas partículas estaban en constante interacción y se aniquilaban mutuamente. La energía liberada por estas interacciones causó un aumento en la temperatura y la densidad del universo, lo que luego condujo la inflación.

También durante este era ocurrieron algunos de los

procesos más importantes en la evolución del universo, incluida la separación de las fuerzas electromagnéticas y nucleares fuertes. Esta era es fundamental para entender el origen y la evolución del universo, ya que estableció las condiciones iniciales que luego dieron forma a todo lo que vemos hoy.

Era de Gut o Inflación: Es la era perteneciente entre 10^{-36} y 10^{-32} segundos después del Big Bang. Durante esta era, el universo experimentó un rápido crecimiento y una expansión acelerada, aumentando su tamaño en 10^{26} veces en un período de tiempo muy corto, se cree que la inflación fue causada por una forma de energía oscura y antigravitacional, conocida como energía inflacionaria o Inflatón, que se encontraba en un estado de excitación, pues esto resuelve algunos problemas cosmológicos, como la homogeneidad y la isotropía del universo. Además, la inflación también produjo fluctuaciones gravitatorias que luego condujeron a la formación de galaxias y estructuras más grandes en el universo.

La teoría de la inflación es consistente con la observación de la radiación cósmica de fondo y la estructura a gran escala del universo. También aparecen las partículas súper pesadas formado por los Quarks y la predominancia de la radiación, cabe aclarar aquí que esta "radiación" no está relacionada con la radiación electromagnética (por ejemplo, con la luz) como la conocemos hoy. En cosmología, llamamos "radiación" a todos aquellos componentes del universo que sean partículas que posean asociadas menores a la energía. Cuando nuestro universo tenía 10^{-35} segundos de vida, ya aparecen diferentes partículas asociadas a cada tipo de fuerza o interacción: Los "gluones", para el caso de la interacción nuclear fuerte. Sabemos que los quarks son constituyentes de los nucleones (las partículas del núcleo atómico), es decir, fueron los "ladrillos" fundamentales necesarios para armar un protón o un neutrón. Por su parte, los gluones son las partículas "mediadores" de la interacción fuerte, como el fotón para el electromagnetismo, los fotones también son las partículas mediadoras de la interacción electromagnética. En el caso de la interacción fuerte entre quarks, ese papel de mediadores lo realizan los gluones. Queda claro, entonces, el motivo por el cual los átomos pesados no se desarman.

La fuerte interacción entre los quarks que forman los nucleones, mantiene unidos a éstos últimos. Como la interacción fuerte es la que domina en las escalas nucleares, vale decir dentro del núcleo, la repulsión eléctrica entre los protones de igual carga eléctrica resulta ser subdominante y el núcleo logra su estabilidad. A esta era también se le llama como la "bariogénesis", o sea, la generación de los elementos básicos para la formación de los "bariones". Sabemos que los bariones son partículas relativamente pesadas en el reino subatómico. Como ejemplos los protones y los neutrones que son los constituyentes del núcleo atómico. En pocas palabras, los físicos piensan que en el universo primitivo deberían haberse generado igual número de partículas y de antipartículas. Sin embargo, hoy, esta "antimateria" no es tan abundante como la materia que nos rodea, y que observamos el universo. En efecto, desde hace años la antimateria se detecta en los rayos cósmicos que provienen del espacio exterior y los grandes aceleradores de partículas pueden producirla y hasta almacenarla con facilidad.

Era Electrodébil: Es la era perteneciente aproximadamente 10^{-12} segundos después del Big Bang. En esta era, la fuerza electromagnética y la fuerza débil estaban unificadas en una sola fuerza, conocida como la fuerza electrodébil. Esta unificación era posible debido a la alta temperatura y densidad del universo. Sin embargo, a medida que el universo se enfrió y se expandió, esta unificación se rompió y las dos fuerzas se separaron en fuerzas distintas, se cree también, en esta era las partículas fundamentales adquirieron masa a través del mecanismo de Higgs. El mecanismo de Higgs se basa en que los bosones de Higgs adquieren un valor esperado en el vacío, lo que resulta en la adquisición de masa por parte de las partículas fundamentales. Además de la adquisición de masa, la época de la ruptura espontánea de simetría electrodébil también resultó en el desemparejamiento de los neutrinos, que empezaron a viajar libremente a través del espacio. El fondo cósmico de neutrinos es resultado directo de la época de la ruptura espontánea de simetría electrodébil y es similar en muchos aspectos al fondo cósmico de microondas que fue emitido mucho más tarde en el universo. Es importante destacar que, a pesar de ser un evento clave en la evolución temprana del universo, el fondo cósmico de neutrinos es muy difícil de observar en detalle. Sin embargo, su existencia ha sido inferida a través de experimentos y estudios teóricos, y su comprensión es fundamental para entender cómo la naturaleza de la materia y la energía cambió durante los primeros momentos del universo y cómo estos cambios permitieron la formación de estructuras más complejas como estrellas, galaxias y planetas.

Era leptónica: Es una era perteneciente a 10^{-12} y 10^{-6} segundos después del inicio de la expansión, donde la temperatura del universo había disminuido lo suficiente como para permitir la producción de leptones en cantidades significativas. Durante esta era, los leptones y los antileptones se aniquilaron mutuamente, lo que permitió que se mantuviera la proporción de leptones sobre antileptones en el universo. Este proceso liberó una cantidad significativa de energía, que contribuyó a la expansión y posterior enfriamiento del universo. En esta era también se produjeron otros tipos de leptones, como los tauones y los neutrinos tau. Sin embargo, estos leptones más pesados se aniquilaron rápidamente con los antileptones correspondientes, lo que dejó a los electrones y los neutrinos como las únicas partículas leptónicas estables en el universo. Sabemos que los electrones son partículas subatómicas con carga negativa y son responsables de la conductividad eléctrica y la formación de los compuestos químicos. Los electrones se unieron con protones para formar átomos neutros, lo que permitió la formación de la materia ordinaria. Que posteriormente permitió la formación de los planetas, las estrellas y todo lo demás objetos del universo. Los leptones son 6 y están agrupados por 3 parejas, tales como:

- o   Electrón y su neutrino (e, ve)
- o   Muon y su neutrino (u, vu)
- o   Tauon y su neutrino (t, vt)

La Era Leptónica es importante porque es durante esta era que los leptones y antileptones se aniquilaron mutuamente, liberando una gran cantidad de energía en forma de radiación. Esto permitió que la temperatura del universo disminuyera hasta un punto en el que los quarks podían combinarse en hadrones, lo que marcó el inicio de la Era Hadrónica.

Era Hadrónica: Es la era perteneciente desde 10^{-6} a 1 segundo después del Big Bang, se le llama así debido a que los hadrones fueron predominantes; es decir las partículas pesadas como: Protones, Neutrones, Mesones, Antinucleones, Muones, Piones, etc. Esta era también se conoce por ser una "sopa espesa" compuesto por nucleones y más partículas pesadas. A medida que el universo se enfriaba, los quarks que habían estado confinados en partículas más masivas como protones y neutrones comenzaron a liberarse y a formar partículas más ligeras, como mesones. Esto llevó a la disociación de los hadrones y a la formación de átomos de hidrógeno y helio Esta etapa también marcó el final de la era de fusión y el comienzo de la era de recombinación, durante la cual los protones y los neutrones se combinaron en átomos de hidrógeno y helio. Esto fue importante porque permitió que el universo se volviera transparente a la luz y permitió que comenzara a formarse la estructura que vemos en el universo hoy en día, como galaxias y estrellas.

En el proceso, conocido como la recombinación, permitió que la luz electromagnética, que hasta entonces había estado dispersa por los electrones libres, se liberara y pudiera viajar libremente por el universo. Esta liberación de luz electromagnética dio lugar a un fenómeno conocido como la "Era de la Luz Desnuda", durante la cual el universo era transparente y la luz electromagnética podía viajar libremente. Después de la "Era de la Luz Desnuda", el universo continuó enfriándose y expandiéndose, lo que permitió la formación de estructuras más complejas, como las estrellas y las galaxias. Estas estructuras se formaron a partir de las fluctuaciones en la distribución de materia y energía en el universo temprano, que permitieron la formación de condensaciones gravitacionales y la formación de las estructuras más masivas.

Era Radiactiva o Plasma: Es la era perteneciente de 1 a 3 segundos, se dio la formación de los núcleos atómicos. Esto se debió a la aniquilación de los positrones libres, dejando solamente protones, electrones, neutrones, fotones y gravitones, todo este proceso duro hasta minuto 15. A los 30 minutos, los neutrones libres empezaron a formar parte de los núcleos atómicos, ya que la temperatura había disminuido a 10.000K. Esto permitió que los fotones dejaran de interaccionar con los electrones, y fueran capturados por los núcleos, dando origen a la formación de los átomos. Es importante destacar que la formación de los núcleos atómicos fue un paso crucial en el desarrollo del universo, ya que permitió la creación de moléculas y la formación de galaxias, estrellas y planetas.

Era de la recombinación: Es la era perteneciente aproximadamente a 380.000 años después del Big Bang. Durante este tiempo, la temperatura del universo había disminuido suficientemente para permitir que los protones y electrones se combinaran para formar átomos de hidrógeno. Con el transcurrir el tiempo gracias a la gravedad, estos átomos se agruparon para formar galaxias, estrellas y planetas. La recombinación también permitió la liberación de la radiación electromagnética, que es conocida como fondo cósmico de microondas. Este fondo de microondas es aún visible hoy en día y es una de las pruebas más sólidas de la teoría del Big Bang.

Era Estelar: Es la era perteneciente de 10^{13} hasta 10^{17} Segundos que es la etapa actual, donde la temperatura disminuye a 3 Kelvin cerca del cero absoluto. Durante esta época, se forman las estrellas y emiten luz y calor a través de la fusión nuclear. Esta energía estelar es fundamental para que los planetas que orbitan alrededor de estas estrellas puedan mantener la vida, ya que reciben luz y energía necesarias para sustentar procesos biológicos. Las pequeñas fluctuaciones en la distribución de materia en el universo se agruparon en densas regiones de gas y polvo, que a su vez se colapsaron para formar las primeras estrellas, estas estrellas eran enormes y calientes, y emitían grandes cantidades de luz y energía. Algunas de ellas explotaron como supernovas, liberando elementos más pesados como el carbono, el oxígeno y el hierro, que más adelantes fueron esenciales para la formación de planetas y vida. La era estelar del universo es importante porque marcó el comienzo de la formación de galaxias y estrellas, y sentó las bases para la formación de planetas y vida.

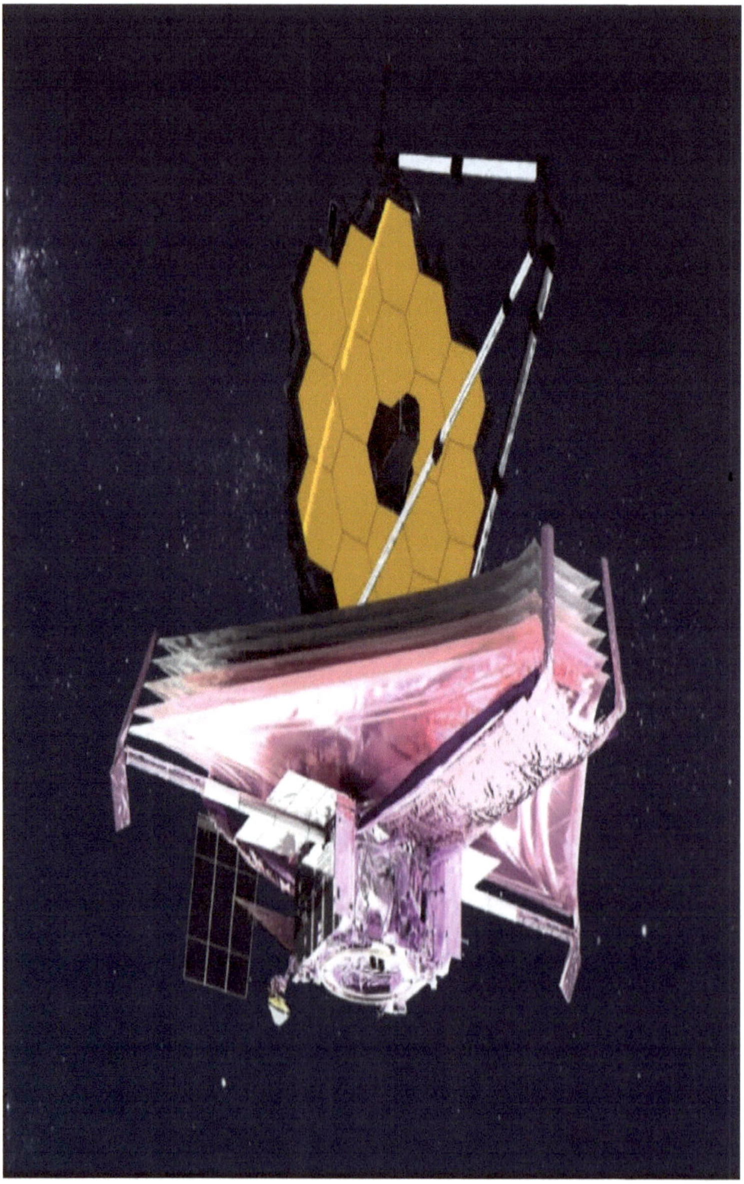

EL telescopio espacial James Webb

Pilares del Big Bang

El interés por los modelos físicos de la cosmología ha sido un tema importante en la comunidad científica durante décadas. Sin embargo, fue en 1940 cuando comenzaron a surgir los primeros avances significativos en este campo. Este período coincidió con los primeros desarrollos en la física nuclear, lo que llevó a una mayor comprensión de los procesos nucleares que forman los núcleos de los elementos químicos de la tabla periódica.

Los físicos descubrieron que, para formar estos núcleos, se requerían reacciones nucleares que requerían altísimas energías y temperaturas. Al mismo tiempo, los primeros modelos de cosmología, como el mencionado modelo del átomo primitivo propuesto por Georges Lemaître, brindaron un marco ideal para entender cómo se llevaron a cabo estos procesos nucleares. Estos modelos también ayudaron a los cosmólogos a tener una comprensión más profunda de la evolución del universo desde sus primeros momentos. Para lograr una comprensión completa de la teoría del Big Bang, es fundamental conocer sus pilares fundamentales. Estos son la base sobre la cual se desarrolla la teoría y proporcionan un marco sólido para entender la evolución y formación del universo.

A continuación, describiremos estos pilares con más detalle para brindar una comprensión más profunda de la teoría del Big Bang.

Expansión: Desde su origen, el universo ha estado experimentando una constante expansión. Esto implica que todas las galaxias se están alejando entre sí y que, con el transcurso del tiempo, el universo está aumentando su tamaño.

Radiación cósmica del fondo: La radiación cósmica de fondo es una radiación electromagnética uniforme que permea el universo y es una prueba indirecta del Big Bang. Se cree que esta radiación es un resto del Big Bang y que ha estado presente en el universo desde sus primeros momentos. La radiación cósmica de fondo se ha detectado en todas las direcciones del cielo y tiene un espectro de cuerpo negro, lo que sugiere que proviene de una fuente uniforme y homogénea.

Abundancia de elemento ligeros: La abundancia de los elementos ligeros (helio, litio, etc.) en el universo es consistente con las predicciones del Big Bang. Durante los primeros momentos del universo, la mayoría de los elementos pesados aún no existían y solo los elementos más ligeros, como el helio y el hidrógeno, estaban presentes. Con el tiempo, estos elementos ligeros se combinaron para formar estrellas y galaxias, y la fusión nuclear en las estrellas produjo la mayoría de los elementos pesados que conocemos.

Evolución Estelar: La formación de elementos pesados en las estrellas y su posterior dispersión en el universo es un proceso clave en la evolución del universo, consistente con el modelo del Big Bang. Las estrellas se forman a partir de la condensación gravitacional de la materia y eventualmente explotan como supernovas, dispersando los elementos pesados que han producido en el universo. Estos elementos pesados son necesarios para la formación de planetas y vida tal como la conocemos.

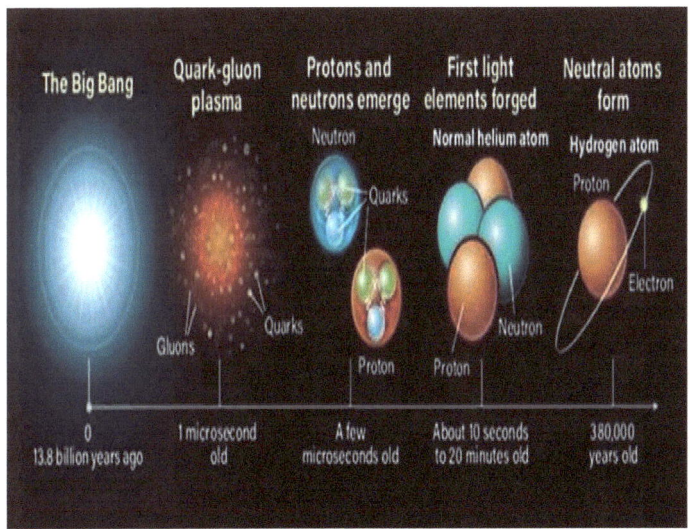

La Nucleosíntesis del Big Bang

Universo en expansión y la Ley de Hubble.

La expansión del universo es uno de los pilares fundamentales de la teoría del Big Bang. Esta expansión se puede demostrar mediante la Ley de Hubble, la cual establece que la velocidad a la que se alejan las galaxias entre sí es proporcional a su distancia.

En otras palabras, cuanto más lejos estén dos galaxias, más rápido se alejarán una de la otra.

Matemáticamente, esta relación se describe como una relación lineal entre la velocidad de separación de dos galaxias y su distancia. Esta relación se puede expresar mediante la siguiente ecuación:

$$v = H * d$$

donde:

v es la velocidad de separación de las galaxias.

d es la distancia entre las galaxias.

H es la constante de Hubble, que es una medida de la tasa de expansión del universo.

La constante de Hubble se determina mediante observaciones y se encuentra en un rango de aproximadamente 67-74 km/s/Mpc (kilómetros por segundo por megaparsec). Esta constante es importante porque nos proporciona información sobre la tasa actual de expansión del universo y su evolución a lo largo del tiempo.

Además, la relación lineal de la Ley de Hubble sugiere que el universo se está expandiendo a una tasa constante y que esta expansión es homogénea en todas direcciones. Esta relación se mantiene en todas las escalas, lo que significa que la expansión es uniforme y constante en todo el universo.

Es importante mencionar que la ley de Hubble es una ley empírica, lo que significa que se basa en la observación de la relación entre la distancia y la velocidad de las galaxias, pero no proporciona una explicación física detrás de la expansión del universo. Sin embargo, la ley de Hubble es una pieza clave en la formulación del modelo cosmológico actual, conocido como el modelo Lambda-CDM, que combina la ley de Hubble con la teoría de la relatividad general de Einstein y la existencia de la energía oscura.

El modelo Lambda-CDM, también conocido como ΛCDM por sus siglas en inglés, es el modelo cosmológico más aceptado y utilizado por la comunidad científica para describir la evolución y la estructura del universo.

Este modelo combina la ley de Hubble con la teoría de la relatividad general de Einstein y la existencia de la energía oscura y la materia oscura.

Modelo de Lambda- CDM: Es una teoría exitosa para entender la evolución y el comportamiento del universo a gran escala. Su origen se remonta a la década de 80 cuando los astrónomos y cosmólogos estaban buscando una explicación para la expansión acelerada del universo, conocido como modelo ΛCDM. Es un modelo cosmológico más aceptado y ampliamente utilizado por la comunidad científica para describir la evolución y la estructura del universo. Combina la ley de Hubble con la teoría de la relatividad general de Einstein y la existencia de la energía oscura.

En el modelo Lambda-CDM, el universo está en expansión y se originó en un momento conocido como el Big Bang, hace aproximadamente 13.800 millones de años. La expansión del universo es controlada por la energía oscura, una forma de energía no detectada directamente que tiene una presión negativa y acelera la expansión. Quiero hacer un énfasis sobre que los conceptos relacionados con la materia y la energía oscura, estos se describen en profundidad en mi libro, "**LA MENTE HUMANA Y LOS MISTERIOS DEL UNIVERSO**".

La geometría del Universo

Los modelos de Friedmann-Lemaître han sido una pieza fundamental en el desarrollo de la teoría del Big Bang, ya que son modelos basados en la teoría de la relatividad. La relatividad es una teoría que establece que la física se desarrolla en un espacio-tiempo de cuatro dimensiones. La evolución del universo es un resultado directo de la evolución de esta geometría.

Sin embargo, no hay un solo modelo del Big Bang, sino una amplia variedad de modelos. Estos modelos se diferencian entre sí por su geometría espacial. Existen tres tipos posibles de geometría espacial: con curvatura positiva, nula o negativa. Cada modelo del Big Bang presenta una imagen distinta del universo en su evolución y de cómo se originó y se expandió. Es importante destacar que estos modelos no son meras teorías sin fundamento, sino que han sido respaldados por diversos tipos de observaciones y experimentos.

Universo con curvatura positiva- Cerrado: La geometría del universo con curvatura positiva se refiere a un universo en el que la suma de los ángulos de un triángulo es mayor a 180 grados. Esta característica sugiere que el universo tiene una forma esférica, en la que la distancia más corta entre dos puntos es una curva y no una línea recta. En un universo con curvatura positiva, la gravedad juega un papel crucial en su evolución. La gravedad es suficientemente fuerte para mantener la forma esférica del universo y evitar que colapse en sí mismo. Este tipo de geometría es coherente con un universo cerrado, en el que la expansión continua hasta cierto punto y luego comienza a contraerse hacia un estado final en el que todo el universo se encuentra en una singularidad, es decir, un punto de infinita densidad y temperatura. Actualmente no se cuenta con suficiente respaldo de las observaciones astronómicas. Las evidencias recopiladas hasta ahora apuntan hacia un universo con curvatura cercana a cero o incluso negativa, lo que implicaría que la expansión continua y eterna, sin un colapso final.

Universo con curvatura negativa- Abierto: El Universo con curvatura negativa es una de las posibles formas que podría tener el Universo, según la teoría de la relatividad general de Albert Einstein. En un Universo con curvatura negativa, las líneas rectas se alejan entre sí a medida que avanzan en el espacio, es decir, están en constante divergencia. Esta forma se asocia con una cantidad insuficiente de materia y energía, y se considera un universo abierto.

En un Universo con curvatura negativa, la expansión del Universo continuará para siempre, y no se producirá un colapso gravitacional. La forma exacta de un Universo con curvatura negativa todavía es objeto de investigación y debate entre los científicos, pero se cree que es una posibilidad viable.

Universo con curvatura nula- Plano: Es otra de las posibles formas que podría tener el Universo, según la teoría de la relatividad general de Albert Einstein. En un Universo con curvatura nula, las líneas rectas se mantienen paralelas entre sí, es decir, no divergen ni convergen.

En un Universo con curvatura nula, la expansión del Universo eventualmente se desacelerará y se detendrá, pero no se producirá un colapso gravitacional. La forma exacta de un Universo con curvatura nula todavía es objeto de investigación y debate entre los científicos, pero se cree que es una posibilidad viable.

Las 3 formas del universo.

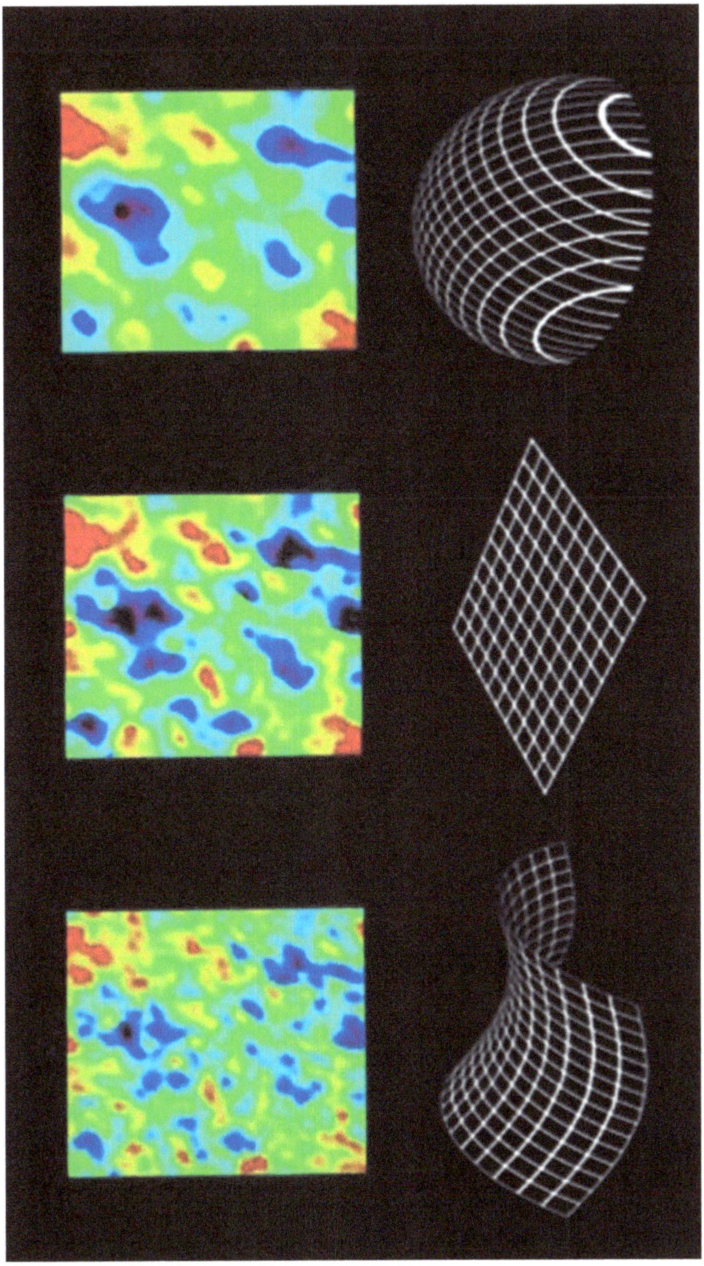

Muerte inexorable del Universo

El destino final del Universo es uno de los grandes misterios en la ciencia moderna. La forma que tenga el Universo es un factor clave y para determinar su destino final. Sin embargo, hasta el momento, la forma exacta del Universo sigue siendo un enigma para la comunidad científica y se sigue investigando.

A continuación, describiré 3 hipótesis de un posible acerca de la muerte o final del universo:

El Big Crunch: Es un escenario posible para el destino final del Universo que ha sido objeto de la imaginación y la reflexión de muchos. En este escenario, la expansión del Universo eventualmente se detendría y se produciría una contracción, lo que resultaría en la reunión de todas las galaxias, estrellas y planetas en un punto central, formando una singularidad.

Es un concepto inspira una mezcla de fascinación y misterio, y muchos se preguntan qué podría suceder después. ¿Desaparecería todo lo que conocemos y amamos en un abrazo final cósmico? ¿O surgiría algo completamente nuevo e inimaginable a partir de la singularidad?

Esta idea ha sido considerada y estudiada por los

científicos y filósofos durante siglos, y ha sido objeto de numerosas teorías y modelos matemáticos. Sin embargo, aún hoy en día no sabemos con certeza si el Big Crunch ocurrirá o no. La forma y la cantidad de materia y energía en el Universo son factores cruciales para determinar el destino final, y aún no hemos podido medir estos valores con precisión.

Aunque no podemos responder con certeza a estas preguntas, el Big Crunch sigue siendo una idea fascinante y llena de posibilidades. Nos invita a reflexionar sobre la naturaleza y el destino del universo y a apreciar la inmensidad y la belleza del cosmos en el que vivimos.

El Big Rip: Es una teoría sobre el destino final del universo que ha capturado la imaginación de la gente desde su concepción. En este modelo, se cree que la expansión del universo no disminuirá, sino que continuará acelerándose hasta alcanzar un punto en el que la fuerza de expansión sea tan intensa que el tejido mismo del espacio-tiempo comience a desgarrarse.

Se estima que esto podría suceder en algún momento en el futuro lejano, posiblemente en 22 mil millones de años. En este futuro, las galaxias se separarán cada vez más unas de otras, las estrellas se apagarán y los planetas serán destruidos. Finalmente, incluso los átomos serán desintegrados y el universo quedará completamente vacío y oscuro.

Es un final apocalíptico y aterrador, pero al mismo tiempo es una idea fascinante sobre la naturaleza de la realidad y el lugar que ocupa el universo en el universo. Este escenario es una advertencia sobre la importancia de cuidar nuestro hogar, la Tierra, mientras todavía estamos aquí. Y también es un llamado a la curiosidad humana, para que sigamos explorando y descubriendo más sobre el universo y nuestro lugar en él.

El Big Freeze: Conocido también como el Gran Congelamiento, es una teoría cosmológica que ha inspirado la imaginación de la humanidad desde que se concebió.

En el futuro distante del tiempo, cuando las galaxias, las estrellas ya no titilan y la oscuridad se adueña del universo, los últimos suspiros del universo se apagarán en la eternidad, las reliquias cósmicas se desvanecen el frio glacial se apodera del universo.

En este futuro lejano, las estrellas brillantes que nos han acompañado por miles de años se han agotado de combustible y han desaparecido, dejando atrás un universo frío y oscuro. Incluso las partículas subatómicas, que normalmente se mueven con frenética energía, se detienen en su movimiento, y el universo queda congelado en un estado de quietud eterna.

A pesar de que este futuro puede parecer aterrador, es también una idea hermosa y poética. Nos invita a reflexionar sobre la naturaleza efímera de nuestra existencia y la importancia de aprovechar cada momento mientras estamos aquí. Además, nos recuerda la impresionante majestuosidad y magnificencia del universo y nuestro lugar en él.

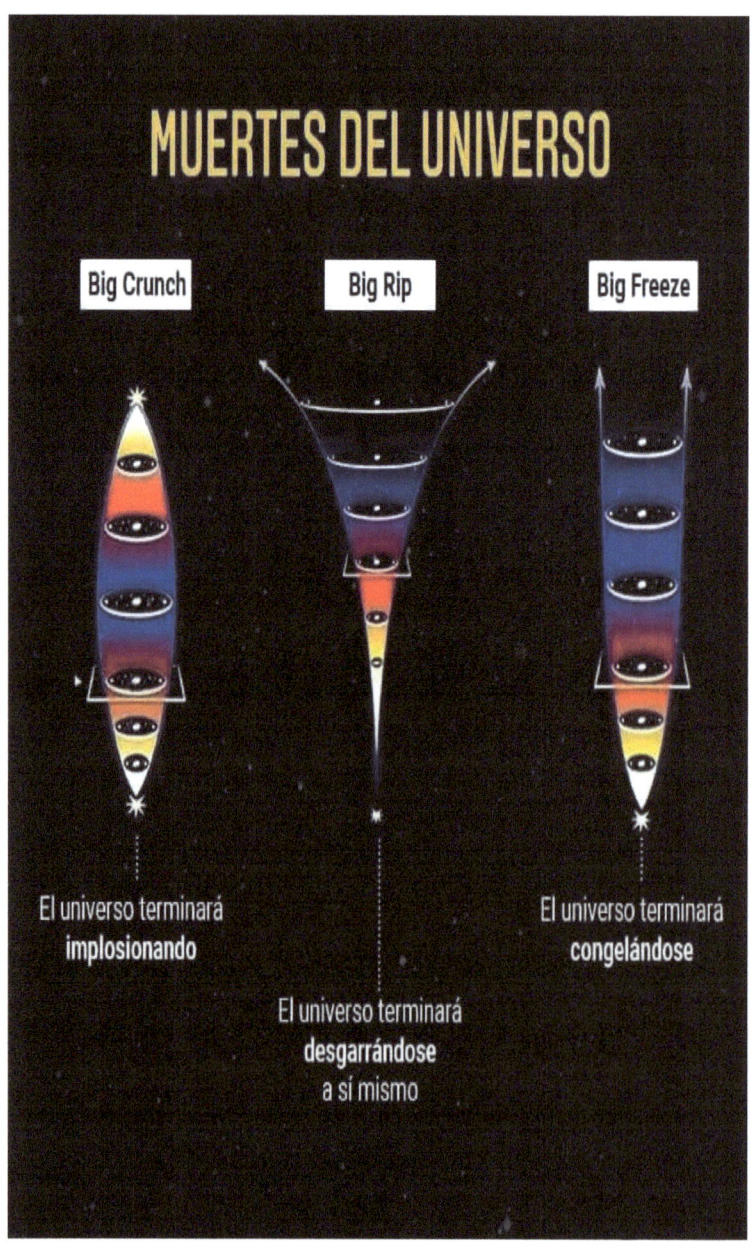

Las 3 formas de muerte del universo

Universo cíclico de Roger Penrose: Es una teoría cosmológica propuesta por el matemático y cosmólogo británico Roger Penrose en 1970. Según esta teoría, el universo no se expandirá eternamente hasta su muerte en un Big Rip o Big Freeze, sino que eventualmente colapsará sobre sí mismo y volverá a un estado de alta densidad y temperatura(singularidad).

Después del colapso, el universo rebotará y comenzará a expandirse nuevamente, repitiendo así un ciclo eterno de expansión y colapso. La teoría del universo oscilante sugiere que el universo ha existido por una cantidad infinita de tiempos previos y que existirá por una cantidad infinita de tiempos futuros.

Aunque la teoría del universo oscilante es interesante, todavía es una hipótesis no comprobada y no se ha encontrado evidencia sólida que la respalde. Por lo tanto, todavía es una idea en investigación y se necesitan más estudios y observaciones para determinar si es o no cierta.

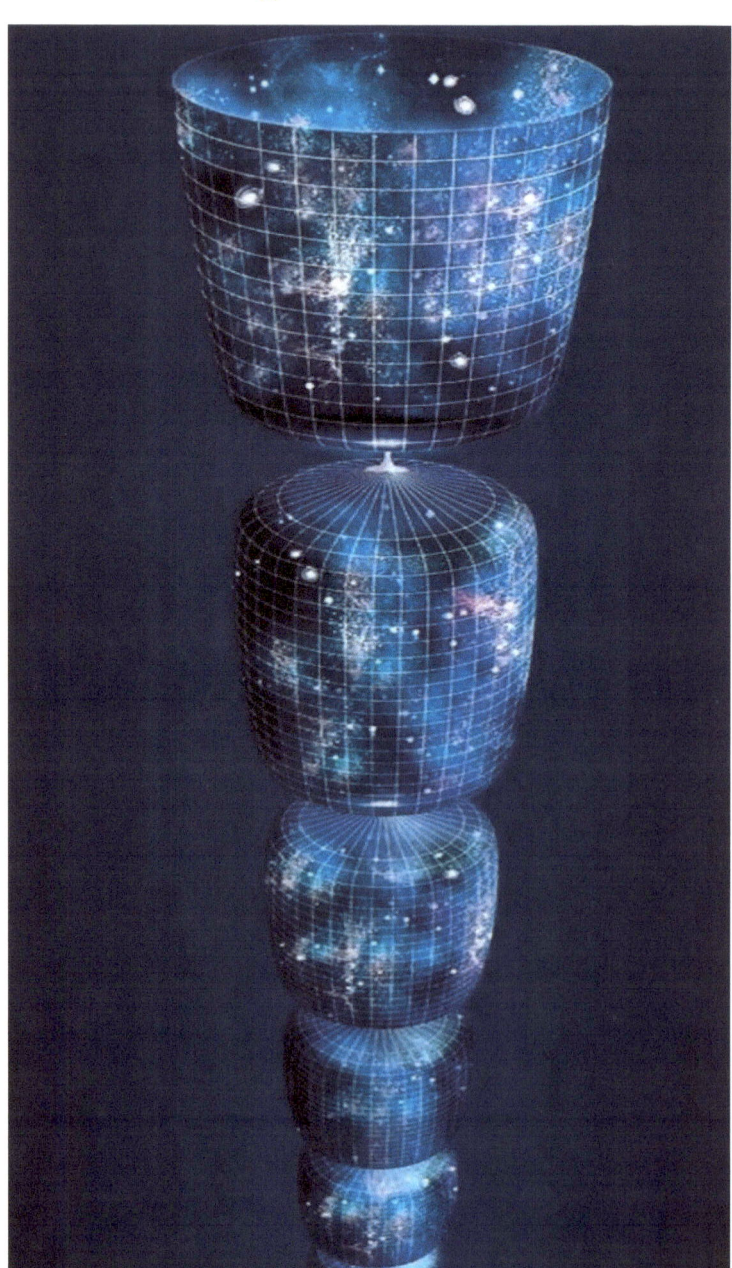

Imagen de universo oscilante universo.

LAS LEYES Y LAS FUERZAS DE LA NATARALEZA.

La Gravedad

La gravedad es una de las fuerzas fundamentales que rigen el universo. Es una fuerza de atracción que actúa entre todos los objetos con masa. La experimentamos cada día en nuestras vidas, ya que es la responsable de mantenernos pegados a la superficie terrestre y también impide que el oxígeno que respiramos se escape al espacio exterior; hace posible a la luna mantenerlo en órbita, y a la Tierra en su periplo alrededor del Sol.

La gravedad también es el responsable de que todos los cuerpos celestes como los planetas, asteroides, galaxias y supercúmulos dancen al compás en el firmamento. Según Aristóteles, toda la materia estaba compuesta por cuatro elementos básicos: la tierra, el aire, el fuego y el agua. Estos elementos tenían una tendencia natural a buscar su posición natural, por ejemplo, una roca compuesta principalmente de tierra y un poco de agua tiende a caer hacia el centro de la tierra, ya que en esa época se creía que la tierra era el centro del universo. Por otro lado, si se quemaba un trozo de madera, el carbón resultante, compuesto principalmente de tierra, se depositaba en el suelo, mientras que el fuego se elevaba hacia el aire buscando escapar hacia el exterior. Otra suposición de Aristóteles era los objetos más pesados caían con mayor velocidad, pero esta hipótesis fue refutada por Galileo Galilei en 1590 en su famoso experimento en la torre de Pisa. Él demostró que los objetos en caída libre se mueven sin importar su masa. Esto se puede probar en la vida cotidiana, por ejemplo, si soltamos dos objetos de distintas masas, como uno de 5 kg y otro de 10 kg, ambos llegarán al suelo en el mismo intervalo de tiempo. Sin embargo, si comparamos un objeto de alta densidad con uno de baja densidad, como una pelota de 1 kg y una pluma de 1 gr, el objeto de mayor densidad llegará al suelo primero. Esto demuestra que la velocidad de caída de un objeto no depende solo de su masa, sino también de su densidad. La explicación es sencilla, la pelota no sufre la resistencia del aire debido a su mayor densidad, mientras que la pluma sí, lo que la hace caer más lentamente. Si realizáramos este mismo experimento en un vacío (ausencia de aire), ambos objetos caerían al mismo tiempo. Esta teoría fue comprobada cientos de años después por el astronauta David Scott en la Luna, al dejar caer desde la misma altura un martillo y una pluma, los dos objetos llegaron al suelo lunar en el mismo tiempo, lo que provocó que el astronauta dijera "¡*Vean, Galileo tenía razón*!".

Astronauta en la superficie lunar

Galileo demostró que cuando se sueltan dos cuerpos desde una cierta altura, la relación entre la distancia recorrida y el tiempo de caída es proporcional al cuadrado de los tiempos. Esto se expresa matemáticamente como: $d/t2 = k$, donde k es una constante de proporcionalidad que depende de la inclinación del plano. Hoy en día, esta relación también se aplica a los cuerpos en caída libre, en cuyo caso k = 1/2g y la distancia se expresa así: d = 1/2gt2, siendo g la aceleración debida a la gravedad.

Torre de Pisa Italia

En el año 1720, Johannes Kepler perfeccionó el modelo heliocéntrico de Copérnico mediante las observaciones realizadas por Tycho Brahe. Kepler concluyó que los planetas no giraban en órbitas circulares sino elípticas alrededor del sol. También se dio cuenta de que los planetas más cercanos, como Mercurio, recorrían con mayor rapidez que los que se encontraban más alejados, como Saturno. Sin embargo, fue gracias a la llegada de Isaac Newton que se pudo entender el mecanismo que hacía girar a los planetas alrededor del sol.

Antes de Newton, ninguna persona había comprendido que el mismo mecanismo que hace que las manzanas caigan al suelo también es responsable de que los planetas se mantengan girando alrededor del Sol. Newton, con gran audacia, logró unificar los principios que gobernaban la Tierra con los que se cumplían en el cielo, afirmando que la fuerza de la gravedad entre dos cuerpos de masa m_1 y masa m_2 es proporcional al producto de sus masas e inversamente proporcional al cuadrado de la distancia existente entre ellos, esto se conoce como la famosa "ley de la gravedad" propuesta en su libro "Principia".

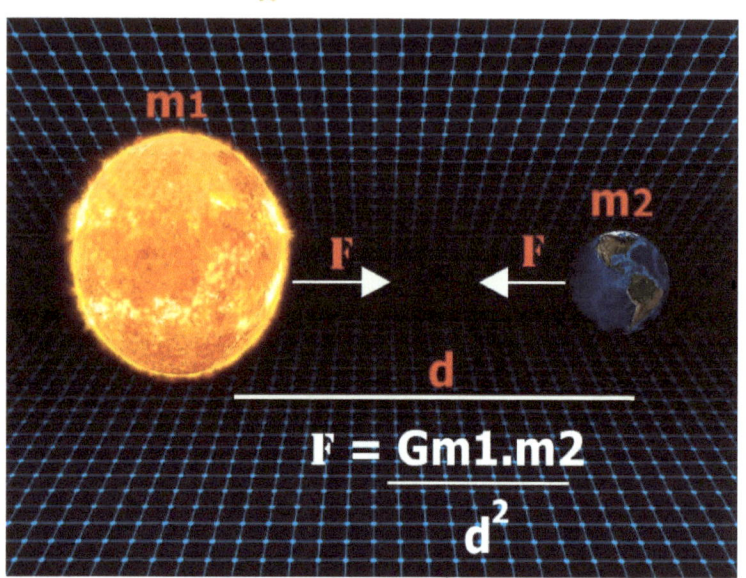

Donde:

G: Constante de gravitación universal.

G: $6{,}67 \times 10^{-11} \frac{N.m^2}{kg^2}$

m_1, m_2: masas

d: distancia de separación entre las dos masas.

El descubrimiento de Newton fue notable porque sentó las bases de la física clásica y la astronomía. Concluyó que la gravedad es una propiedad de atracción común de todos los cuerpos masivos y es aplicable a los movimientos de todos los cuerpos celestes. Este hallazgo tuvo un impacto significativo en el desarrollo de la ciencia y ha sido utilizado como base para el estudio de la mecánica celeste y la física en general. En la actualidad, la ley de la gravitación de Newton nos permite conocer con precisión los movimientos de los astros alrededor del sol, así como los movimientos de nuestra luna alrededor de la Tierra. Esto nos ha permitido enviar naves a distintos planetas del sistema solar, colocar satélites, entre otras cosas. Durante casi dos siglos, la ley de la gravitación de Newton permaneció inalterable, hasta la llegada de Albert Einstein y su teoría de la relatividad. Según Einstein, la gravedad es un efecto debido a la curvatura del espacio. Además, Einstein predijo que, en un cuerpo mayor y más pesado, el tiempo transcurre más despacio que en uno más pequeño y ligero. La gravedad de Einstein no solo afecta a los cuerpos, sino que también tiene influencia sobre las ondas electromagnéticas y, por lo tanto, sobre la luz. En 1919, los astrónomos ingleses realizaron una expedición a la ciudad de Sobral, en Brasil, y en la isla de Príncipe, en Guinea para observar un eclipse total y descubrieron variaciones en la posición de las estrellas del cúmulo de Hyades, lo cual fue considerado una evidencia directa de que el espacio y el tiempo son curvados por la gravedad de un cuerpo masivo como el sol. Este descubrimiento fue una confirmación de la teoría de la relatividad general de Albert Einstein, en la cual la gravedad no se considera una fuerza entre dos cuerpos masivos, sino un efecto debido a la curvatura del espacio-tiempo causada por la masa y la energía de dichos cuerpos.

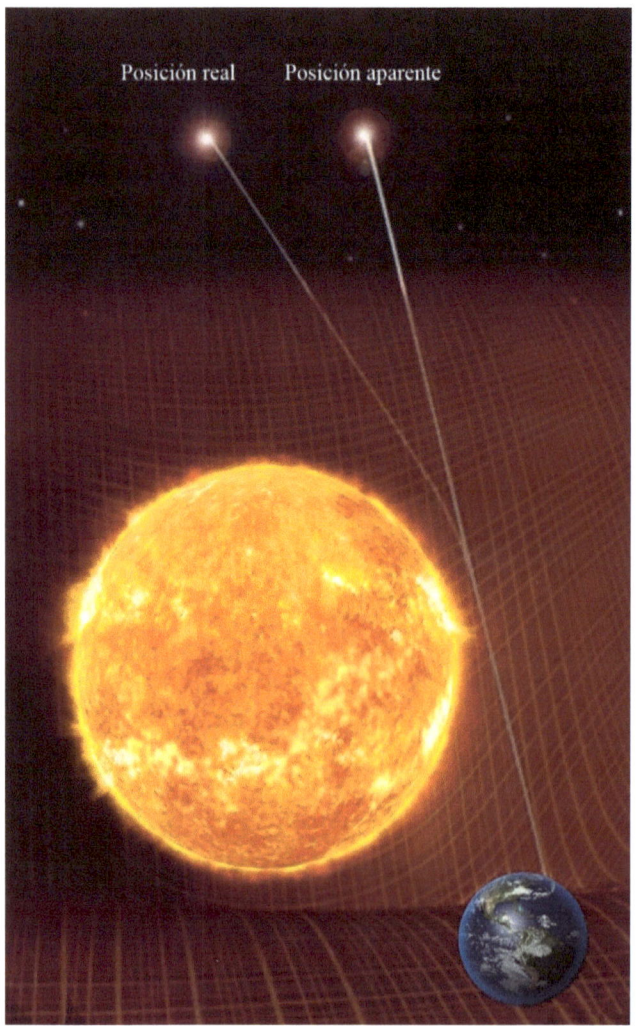

La curvatura del espacio-tiempo causada por el sol.

Podemos concluir, que la gravitación de Einstein es una teoría científica que se aplica a cuerpos con masas extremadamente grandes, como los agujeros negros y las estrellas de neutrones, así como en la expansión del universo. Esta teoría es una descripción más precisa de la gravedad que la ley de la gravitación de Newton, ya que tiene en cuenta la geometrización. La relatividad general es una teoría que combina la relatividad especial con la gravedad, y describe cómo la gravedad afecta a la geometría del espacio-tiempo, y se ha comprobado mediante una gran variedad de experimentos y observaciones, como a las estrellas cercanas a los agujeros negros, la expansión del universo, y las ondas gravitacionales. Sin embargo, en nuestra vida cotidiana, la ley de la gravitación de Newton sigue siendo suficientemente precisa para explicar los fenómenos de la gravedad que observamos. Por ejemplo, la caída libre de objetos, el movimiento de los planetas alrededor del sol, y el movimiento de los satélites en órbita son todos fenómenos que pueden ser explicados de manera precisa utilizando la ley de la gravitación de Newton. Sin embargo, en situaciones extremas, como en el interior de un agujero negro, es necesario la teoría de la relatividad para obtener una descripción precisa de los fenómenos.

Imagen simulada de ondas gravitacionales.

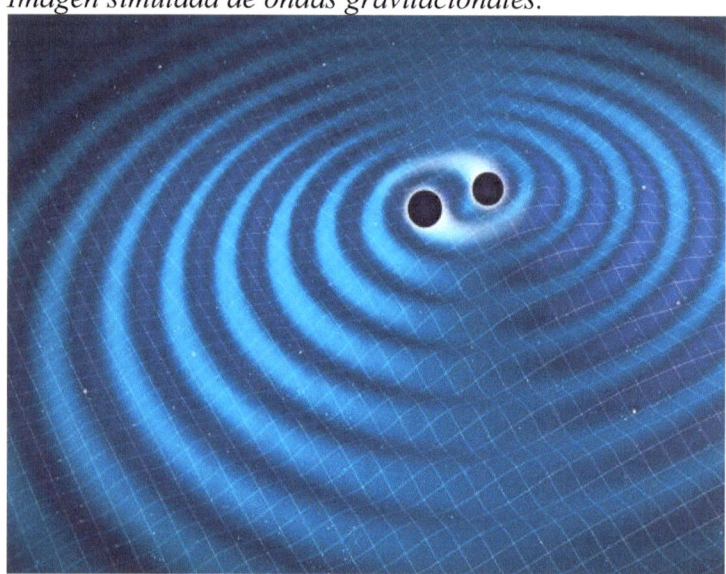

LIGO detector de ondas gravitacionales.

CONOCIENDO LA MENTE DE DIOS

Imagen un agujero negro Cygnus X-

La fuerza electromagnética

La historia de la fuerza electromagnética se remonta a los antiguos griegos, quienes observaron que ciertas rocas atraían o repelían a otras, pero fue en el siglo XVI cuando el científico suizo Paracelso describió por primera vez la electricidad y el magnetismo como dos aspectos diferentes de una misma fuerza. En el siglo XVII, el científico inglés William Gilbert publicó su libro "*De Magnete*", en el que describió el magnetismo y la electricidad como dos aspectos de una misma fuerza. En el siglo XVIII, el científico estadounidense Benjamín Franklin llevó a cabo experimentos con electricidad, demostrando que el rayo es una forma de electricidad.

Imagen del experimento de **Benjamín** *Franklin.*

En el siglo XIX, el científico danés Hans Christian Ørsted descubrió que una corriente eléctrica genera un campo magnético a su alrededor, lo que llevó al desarrollo de las primeras teorías electromagnéticas. Más tarde, Michael Faraday y el matemático y físico francés André-Marie Ampere desarrollaron las leyes fundamentales del electromagnetismo.

En el siglo XX, el físico estadounidense James Clerk Maxwell unificó las teorías electromagnéticas de Faraday y Ampere en una teoría unificada del electromagnetismo, que describe las ondas electromagnéticas y su propagación a través del espacio vacío a la velocidad de la luz.

La fuerza electromagnética es una de las cuatro fuerzas fundamentales de la naturaleza, Se encarga de describir la interacción entre cuerpos con carga eléctrica y cuerpos con campos magnéticos. La teoría matemática que describe la fuerza electromagnética es conocida como la teoría electromagnética de Maxwell. Esta teoría establece que el campo eléctrico y el campo magnético son dos aspectos de una misma entidad, conocida como el campo electromagnético. El campo eléctrico y el campo magnético están relacionados a través de la ecuación de Maxwell-Faraday, que establece que la variación temporal del campo magnético es proporcional al gradiente del campo eléctrico. Y se puede expresar matemáticamente como:

$$\nabla \times E = -\partial B/\partial t$$

donde E es el campo eléctrico, B es el campo magnético, t es el tiempo y $\nabla \times$ representa el operador del rotacional, que mide la tasa de cambio del campo magnético en un punto en el espacio, esta ecuación es fundamental para entender el comportamiento de los fenómenos electromagnéticos, tales como la generación de corrientes eléctricas en un circuito, la propagación de ondas electromagnéticas y la interacción entre los campos eléctricos y magnéticos.

La teoría electromagnética de Maxwell también establece que el campo eléctrico y el campo magnético son transmisores de ondas electromagnéticas, que se propagan a través del espacio vacío a la velocidad de la luz (c = 299,792,458 metros por segundo). Estas ondas electromagnéticas incluyen la luz visible, las ondas de radio, las ondas de microondas, las ondas infrarrojas y las ondas ultravioletas, entre otras. La teoría electromagnética también se utiliza para describir cómo los cuerpos con carga eléctrica interactúan entre sí, y cómo los cuerpos con carga eléctrica interactúan con los campos magnéticos. Por ejemplo, una partícula con carga eléctrica en movimiento experimenta una fuerza en un campo magnético, y una partícula con carga eléctrica en reposo experimenta una fuerza en un campo eléctrico.

Imagen de James Clerk Maxwell.

La Fuerza Nuclear Fuerte

La fuerza nuclear fuerte se remonta al siglo XIX, cuando se descubrieron los electrones y se desarrolló la teoría electromagnética. Sin embargo, fue en el siglo XX, cuando los físicos comenzaron a investigar los procesos que ocurren en el interior de los átomos. En 1935, los físicos teóricos Sheldon Glashow, Abdus Salam y Steven Weinberg desarrollaron la teoría de la Fuerza Nuclear Fuerte, lo que permitió una mayor comprensión de cómo funciona esta fuerza. En el mismo año, el físico japonés Hideki Yukawa propuso la existencia de una partícula subatómica, conocida como mesón, que se encargaba de transmitir la fuerza nuclear fuerte que mantiene unidos los núcleos de los átomos. Sin embargo, no fue hasta el año 1947 cuando se descubrió realmente esta partícula en un experimento de colisiones de protones. Este descubrimiento fue fundamental para el desarrollo de la teoría de la interacción fuerte, y la partícula descubierta se conoce como el mesón pi.

A mediados del siglo XX, se comenzó a desarrollar una teoría unificada de las fuerzas fundamentales en una sola teoría, esto fue conocida como la teoría de la unificación electrofría, y fue propuesta por Sheldon Glashow, Abdus Salam y Steven Weinberg. Sin embargo, esta teoría no fue completamente confirmada hasta el descubrimiento de los gluones en el año 1979.

En los años 80 y 90, la teoría de la unificación electrofría fue ampliada para incluir la fuerza nuclear débil, dando lugar a la denominada teoría de la unificación electrofría débil o el Modelo Estándar de las interacciones fundamentales. Este modelo es actualmente la teoría más precisa y completa de las interacciones fundamentales, y ha sido confirmada por una gran cantidad de experimentos. En mi libro "*La mente humana ante los misterios del universo*", profundizo más sobre el tema del Modelo Estándar en el Capítulo III. Allí, examino en detalle los aspectos más relevantes de esta teoría y su importancia en la comprensión general del universo.

La fuerza nuclear fuerte es responsable de mantener unidos los protones y los neutrones dentro del núcleo atómico. A pesar de que los protones tienen carga positiva, lo que debería hacer que se repelan entre sí, la fuerza nuclear fuerte es lo suficientemente poderosa como para superar esta repulsión y mantenerlos unidos. Esto es especialmente importante en los núcleos atómicos más pesados, donde la repulsión entre los protones es más fuerte.

La teoría matemática que describe la fuerza nuclear fuerte se conoce como la teoría de la interacción fuerte o la teoría de la unificación de las interacciones fundamentales. Esta teoría establece que la fuerza nuclear fuerte se transmite a través de partículas subatómicas conocidas como gluones. Los gluones son los portadores de la fuerza nuclear fuerte, y se cree que interactúan con los quarks (las partículas subatómicas que componen los protones y los neutrones) mediante el intercambio de gluones.

La fuerza nuclear fuerte también juega un papel importante en la física de las estrellas. Es responsable de la fusión nuclear, el proceso mediante el cual los núcleos atómicos se combinan para formar núcleos más pesados, liberando grandes cantidades de energía. Este es el proceso que ocurre en el interior de las estrellas, y es el responsable de su brillo y calor.

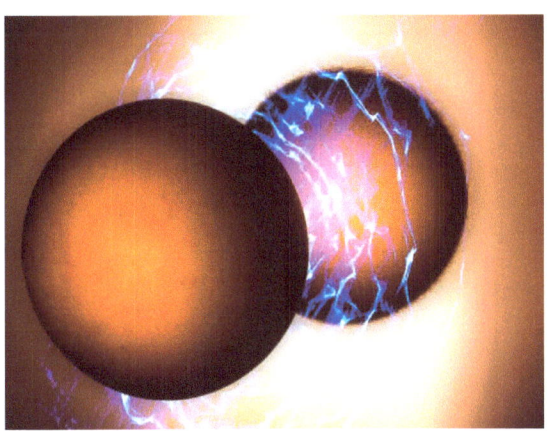

Imagen conceptual de la fuerza nuclear fuerte (azul) uniendo a los protones y neutrones en el núcleo.

Ilustración de la estructura de un protón.

En el núcleo de las estrellas, la densidad y la temperatura son extremadamente altas, lo que permite que los núcleos ligeros se acerquen lo suficiente como para fusionarse. Sin embargo, debido a la repulsión electrostática entre los protones, es necesaria una gran cantidad de energía para superar esta repulsión y permitir que los protones se unan. La fuerza nuclear fuerte es la responsable de proporcionar esta energía, manteniendo unidos a los protones y neutrones en el núcleo. La fusión nuclear es el proceso mediante el cual las estrellas generan la mayor parte de su energía, y es la responsable de la luz y el calor que emiten. Por tanto, la fuerza nuclear fuerte es esencial para la vida de las estrellas y, por extensión, para la existencia de los planetas y la vida en el universo.

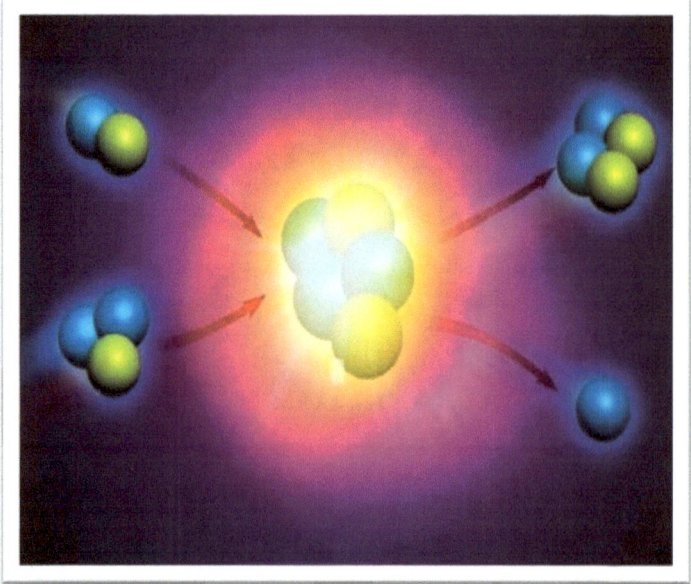

Ilustración de Fusión nuclear

La fuerza Débil

La fuerza débil es una de las cuatro interacciones fundamentales en la física. Es responsable de ciertos tipos de desintegración radioactiva, y también juega un papel importante en la física de las estrellas.

La historia de la fuerza débil se remonta a principios del siglo XX, cuando los científicos comenzaron a estudiar las radiaciones emitidas por los núcleos atómicos y los rayos cósmicos. En el año 1933, el físico italiano Enrico Fermi propuso una teoría para explicar la desintegración radioactiva beta, donde un neutrón se convierte en un protón, un electrón y un antineutrino, esto fue el primer intento de explicar la desintegración radioactiva mediante una interacción fundamental.

A diferencia de las otras tres interacciones fundamentales (gravedad, electromagnetismo y fuerza nuclear fuerte), la fuerza débil tiene un alcance muy corto, lo que significa que solo afecta a partículas que están muy cerca entre sí.

La fuerza débil es responsable de ciertos tipos de desintegración radioactiva, como la desintegración beta, donde un neutrón se convierte en un protón, un electrón y un antineutrino. Esta reacción es posible debido a la fuerza débil, que permite que los núcleos se rompan temporalmente, lo que permite que los electrones y antineutrinos se escapen.

Además de su papel en la desintegración radioactiva, la fuerza débil también juega un papel importante en la física de las estrellas. Es responsable de ciertos procesos que ocurren en el interior de las estrellas, como la producción de elementos pesados. En las estrellas más grandes, el núcleo se encuentra a altas temperaturas y densidades, lo que permite que las partículas se muevan libremente e interactúen entre sí. La fuerza débil es responsable de algunas de estas interacciones, permitiendo la producción de elementos pesados en el interior de las estrellas.

También la "teoría Electrodébil" fue capaz de explicar con precisión la desintegración radioactiva beta, y también predijo la existencia de una partícula subatómica llamada el W y el Z bosón, que son responsables de la transmisión de la fuerza débil.

En 1983, el W y el Z bosón fueron descubiertos en el CERN en Ginebra, Suiza, mediante experimentos en el Gran Colisionador de Hadrones (LHC). Este descubrimiento confirmó la validez de la teoría

Electrodébil y le valió a Glashow, Salam y Weinberg el premio Nobel de Física en 1979.

El gran Colisionador de Hadrones vista exterior.

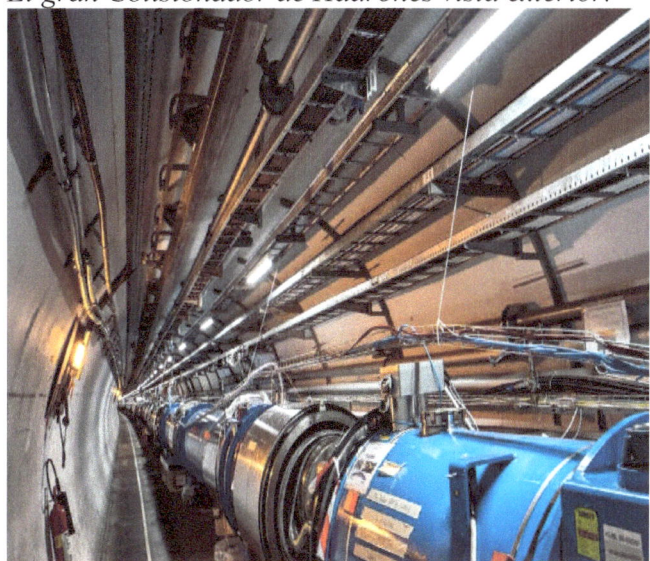
El gran Colisionador de Hadrones vista interior.

La entropía

Desde tiempos inmemoriales, los seres humanos han observado cambios en la naturaleza, incluyendo a sí mismos. La naturaleza está en constante cambio, como, por ejemplo: las estaciones del año, el movimiento de los astros del firmamento, el flujo del aire de mayor temperatura a menos temperatura, el envejecimiento de las plantas y animales, etc.

La primera vez que escuché el término de entropía fue al comienzo de mi carrera universitaria, durante una clase de termodinámica. El profesor buscaba ejemplificar el concepto de transferencia de calor y decidió usar por qué una taza de café se enfría. Para ello, hizo hincapié en que el enfriamiento de la taza no se debe a la entrada del frío desde el exterior, sino a que el calor que se encuentra dentro de la taza es transferido al ambiente circundante. De esta manera, el calor fluye desde un objeto de mayor temperatura, en este caso la taza de café, hacia otro de menor temperatura, que es el aire que la rodea. Esta transferencia de calor ocurre de manera natural y es un proceso que está presente en muchos fenómenos cotidianos.

En ese momento, no entendí completamente lo que significaba esa afirmación, pero algo en ella capturó mi atención. A medida que continuaba mis estudios, comencé a investigar más sobre el tema y descubrí que la entropía es una medida del desorden o incertidumbre en un sistema termodinámico. En otras palabras, mientras más ordenado es un sistema, menor es su entropía, y mientras más desordenado, mayor es su entropía.

La segunda ley de la termodinámica establece que la entropía de un sistema siempre aumenta con el tiempo. Esto significa que todo sistema termodinámico tiende a evolucionar hacia un estado de mayor desorden. Por lo tanto, el aumento de la entropía es un indicador de la tendencia natural de un sistema hacia un estado de equilibrio.

Los seres humanos han contemplado el mundo desde tiempos inmemoriales y hasta la actualidad y se percataron de un cierto cambio que sufre la naturaleza incluyéndose así mismo. La naturaleza está constante cambio como, por ejemplo: las estaciones del año, el movimiento de los astros del firmamento, el flujo del aire de mayor temperatura a menos temperatura, el envejecimiento de las plantas y animales, etc. Pero; ¿a qué se debe todo este cambio? ¿existirá alguna ley física que nos permita cuantificar? Para responder estas cuestiones los físicos inventaron una medida cuantitativa que permite describir el grado de desorden de un sistema cerrado y esto es denominado la entropía.

Para tener una compresión más amplia de la entropía, primero vamos a definir conceptos fundamentales de la termodinámica.

La termodinámica es una rama fundamental de la física que se encarga de estudiar las transformaciones de la energía en diversos sistemas, y cómo estos procesos pueden ser descritos en términos de estados de equilibrio termodinámico, donde no hay flujo neto de energía. Esta disciplina se basa en cuatro postulados fundamentales y dos leyes, que describen los principios fundamentales que rigen estos procesos. A continuación, describiré de manera detallada estos cuatro postulados y dos leyes, para entender mejor cómo se aplican en la termodinámica y cómo se relacionan con los estados de equilibrio termodinámico.

Principio cero: Establece que, si dos sistemas cerrados se encuentran en equilibrio térmico de forma independiente a otros sistemas, entonces ambos deben estar en equilibrio térmico entre sí. Este principio es fundamental para definir la noción de temperatura en la termodinámica, ya que nos permite entender que cuando dos objetos se encuentran a la misma temperatura, no hay transferencia neta de calor entre ellos. En otras palabras, el principio cero nos permite establecer una escala de temperatura que se aplica a todos los sistemas en equilibrio térmico, independientemente de su composición o estado físico. De esta forma, el principio cero de la termodinámica es esencial para entender cómo se relacionan la energía y la temperatura en los sistemas termodinámicos, y cómo se pueden describir los cambios en la energía en función de estos estados de equilibrio térmico.

Primer principio: Un sistema cerrado puede intercambiar energía con su entorno en forma de trabajo y de calor, acumulando energía en forma de energía interna. Este principio es una generalización del principio de conservación de la energía mecánica.

Segundo principio: La entropía del universo siempre tiende a aumentar, lo que se conoce como la Segunda Ley de la Termodinámica. Esta ley se basa en dos enunciados fundamentales:

✓ Enunciado de Clausius (Enunciado de Causas): Es imposible un proceso cuyo único resultado sea la transferencia de calor de un cuerpo de menor temperatura a otro de mayor temperatura.

✓ Enunciado de Kelvin-Planck: Es imposible un proceso cuyo único resultado sea la absorción de calor de un foco y la conversión de este calor en trabajo.

En otras palabras, la Segunda Ley de la Termodinámica nos dice que:

✓ Los procesos naturales siempre tienden a aumentar la entropía del universo.

✓ Es imposible crear un sistema que sea completamente eficiente en la conversión de calor en trabajo.

✓ El calor siempre fluye de un cuerpo de mayor temperatura a uno de menor temperatura.

Tercer principio: La entropía de un sistema se aproxima a un valor constante, así como la temperatura se aproxima al cero absoluto. Con la excepción de los sólidos no cristalinos (vidrio) la entropía del sistema en el cero absoluto es típicamente cercano al cero, y es igual al logaritmo de la multiplicidad de los estados cuánticos fundamentales.

La primera ley: es conocido también como el principio de la conservación de energía, dicho de otra manera "la energía no se crea ni se destruye solo se transforma" Ya desde hace muchos años atrás se sabía que la energía existe de muchas formas como: Química, eléctrica, mecánica, eólica, hidráulica, gravitatoria, etc., Y que estos podían convertirse de una forma a otras, por citar algunos ejemplos, un barco, un tren a vapor transforma la energía química del carbón en energía cinética(movimiento), y si aplicamos la definición de la primera ley de la termodinámica la energía total se conserva cuando cambia de forma, pero en la vida real tanto el barco y como el tren trabajan con rendimiento menor al 100% de la energía transferido, esto significa que la energía siempre se disipa en cada conversión, dicho de otra manera deja de ser energía útil.

Para entender mejor la primera ley de la termodinámica vamos realizar un ejemplo práctico, Si colocamos un vaso de agua en un congelador, el agua se helará debido a que perdió su energía térmica. Si se retira del congelar el agua recuperará su energía, el hielo se volverá a fundir. El hecho de que un recipiente de agua contenga energía térmica cuando está a temperatura ambiente no es de ninguna ayuda si queremos usar esta energía para algún propósito, como por ejemplo hacer funcionar un motor, ya que el contenido de calor del agua no está en forma útil. Por otra parte, cuando se coloca el recipiente en un entorno frío se puede extraer algo de energía del calor y utilizarla. Por ejemplo, el aire frío alrededor del agua menos fría se calentará y podría servir para ejercer una presión sobre una un pistón.

El hecho crucial que hace que la energía térmica del agua sea utilizable cuando está en la nevera, pero no a temperatura ambiente, es la existencia de una diferencia de temperaturas entre el agua y su entorno. Es la no uniformidad en la distribución de la energía térmica lo que permite al calor realizar trabajo. Fuera de la nevera, el contenido del recipiente y de la habitación están a una temperatura uniforme, por lo que no hay ningún flujo neto de calor entre el recipiente y la habitación. Es la expresión de un principio físico simple, pero de gran trascendencia: el flujo espontáneo de calor entre los cuerpos es siempre del caliente al frío. Cuando ambos cuerpos alcanzan la misma temperatura, el flujo de calor se detiene y se puede decir entonces que se ha alcanzado el equilibrio termodinámico. Cuando prevalece el equilibrio, ya no puede haber más cambios útiles sin una interferencia exterior. Por ejemplo, no se puede producir espontáneamente una diferencia de temperatura entre un recipiente de agua y el aire que lo rodea, ya que necesitaría de un flujo de calor desde lo frío hasta lo caliente, para enfriar el recipiente y calentar el aíre, o viceversa.

La segunda ley: Estudia el calor y su relación con otras formas de energía. Esta ley establece que, en cualquier proceso termodinámico, la entropía del universo siempre aumenta. La entropía es una medida de la cantidad de desorden o aleatoriedad de un sistema. En términos más simples, la segunda ley de la termodinámica establece que cualquier proceso espontáneo tiende a producir un aumento en la cantidad de desorden en el universo, ya que la energía tiende a dispersarse y a convertirse en formas más desordenadas. Por ejemplo, si dejamos una taza de café caliente en una habitación fría, el calor fluirá naturalmente desde la taza de café caliente hacia la habitación fría. Esto se debe a que la energía térmica se mueve de un objeto caliente a uno frío, y no al revés. Este proceso es irreversible, lo que significa que una vez que el calor se ha dispersado en la habitación, no puede ser recuperado para calentar el café de nuevo.

Otro ejemplo de la segunda ley de la termodinámica se puede ver en el funcionamiento de un motor térmico. Un motor térmico convierte la energía térmica en trabajo útil, pero siempre hay pérdidas debido a la fricción y la resistencia del aire. Estas pérdidas se deben al hecho de que no es posible construir una máquina térmica que convierta completamente el calor en trabajo útil, lo que se conoce como el principio de Carnot.

En conclusión, se podría decir que la segunda ley de la termodinámica establece que el universo tiende a aumentar su desorden y su nivel de entropía, y que el calor fluye naturalmente de un objeto caliente a uno frío. También, Se cree que el universo en su conjunto tiene una entropía muy alta, dado que está compuesto por un gran número de sistemas termodinámicos, como estrellas, galaxias, planetas y demás objetos, y que la tendencia a aumentar la entropía es una ley fundamental de la física. Este aumento en la entropía se ha propuesto como una explicación para la flecha del tiempo, es decir, la dirección en la que el tiempo fluye desde el pasado hacia el futuro.

Periplo a los confines del universo

En la inmensa galaxia conocida como la Vía Láctea, en uno de sus brazos espirales llamado Orión, se encuentra nuestro hogar, el sistema solar. En este sistema, se encuentra un planeta en particular, el planeta Tierra, que es un lugar cálido, acogedor y confortable, donde la materia ha alcanzado un alto grado de evolución y se desarrolló la vida. Sin embargo, cuando miramos hacia el espacio exterior, nuestra perspectiva cambia.

Ubicación del sistema solar en la vía láctea.

La inmensidad del universo y la cantidad de galaxias y estrellas que existen hacen que nuestro hogar parezca pequeño e insignificante. ¿Seremos realmente solo motas de polvo en esta inmensidad del Cosmos? ¿El universo es un lugar acogedor u hostil para la vida? Estas incógnitas pueden hacernos reflexionar sobre nuestra posición en el universo y la importancia de nuestro hogar. Pero también podemos decidir dejar atrás estas preguntas y embarcarnos en un viaje imaginario hasta los confines del universo conocido.

Cuando observamos el universo a gran escala en una noche clara, podemos ver miles y millones de estrellas brillando en el cielo. Estas estrellas son similares a nuestro sol y podrían tener planetas como la Tierra que albergan vida. Sin embargo, aunque estas estrellas parecen estar cerca, en realidad están a vastas distancias de nosotros. La unidad de medida para la distancia en el universo es el año luz, 1 año equivale a 9.46×10^{12} kilómetros. Esto significa que, aunque las estrellas puedan parecer cercanas, en realidad están a miles y millones de años luz de distancia. Algunas de las estrellas más cercanas a nuestro sistema solar es el Alfa Centauri, se encuentra a 4.2 años luz de distancia, y Sirius, se encuentra a 8.6 años luz de distancia.

Sirius fue una estrella importante para muchas culturas antiguas, como los griegos y los egipcios, quienes la consideraban el lugar de sus orígenes. El brillante y radiante Sirius es un objeto de admiración desde la antigüedad, y sigue siendo una estrella fascinante hoy en día. Las antiguas civilizaciones que nos precedieron intentaron comprender el vasto universo y su lugar en el, a través del conocimiento empírico y la observación directa. Creían que el universo era estático, que no crecía ni disminuía en el tiempo, y que no se creaba ni se destruía, por lo tanto, era infinito y sin fronteras. Sin embargo, hoy en día la ciencia y la tecnología ha avanzado significativamente y, gracias al método científico, hemos logrado explorar mucho más del universo de lo que lo hicieron nuestros antepasados. A simple vista, el universo parece estable e inmutable en el tiempo. Pero nos inquieta saber cuál es el tamaño real ¿Tendrá limites o fronteras el universo? ¿Qué edad tiene el universo? ¿Será infinito, o será simplemente es muy grande? Estas son preguntas a las que todavía no hemos encontrado respuestas definitivas, y que siguen siendo objeto de estudio y debate entre científicos y filósofos.

La tecnología actual ha permitido un avance significativo en nuestra comprensión del universo y nos permitió responder esas cuestiones trascendentales. Gracias a herramientas como los telescopios Hubble y Spitzer de la NASA, podemos observar objetos y eventos astronómicos que antes eran inimaginables. Uno de estos descubrimientos es el objeto más lejano que hemos visto hasta el momento. La luz que emitía este objeto comenzó su viaje hacia nosotros hace 13.200 millones de años, después del Big Bang, un evento que tuvo lugar hace 13.800 millones de años. Durante los primeros 600 millones de años, la luz primigenia se dispersó en todas direcciones. Este tipo de descubrimientos son importantes porque nos permiten aprender más sobre la naturaleza y el origen del universo. Además, también nos ayudan a entender mejor cómo funciona y se comporta el universo en el tiempo, estos descubrimientos nos acercan un poco más a la respuesta de algunas de las preguntas más profundas que la humanidad se ha hecho sobre sí misma y el universo que la rodea.

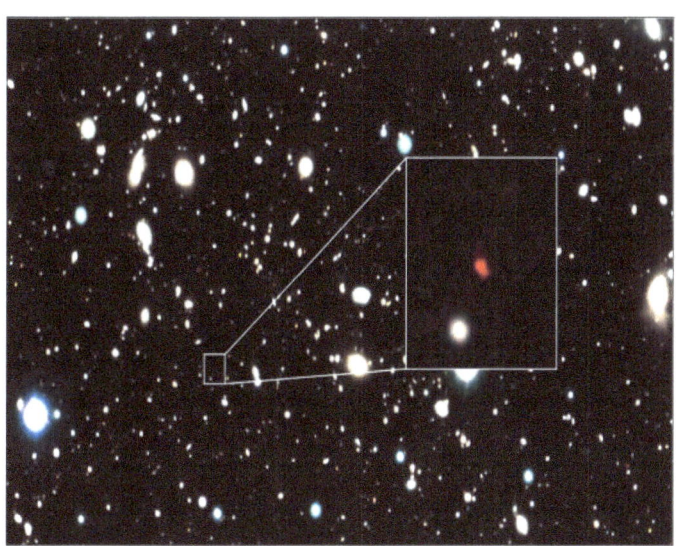

El objeto más lejano captado por Hubble y Spitzer.

El universo observable que conocemos está compuesto por una cantidad asombrosa de galaxias, estimadas alrededor de 200 a 400 mil millones. Este número resulta difícil de comprender para la mente humana. Sin embargo, lo que es aún más intrigante es lo que hay más allá del universo observable. El universo observable mide unos 90 mil millones de años luz en radio, lo que significa que contiene todas las galaxias, quásares, estrellas, agujeros negros, planetas y todo lo que vemos y lo que no vemos, como la materia y la energía oscura. Sin embargo, lo que hay más allá de los límites de nuestro universo observable sigue siendo un misterio

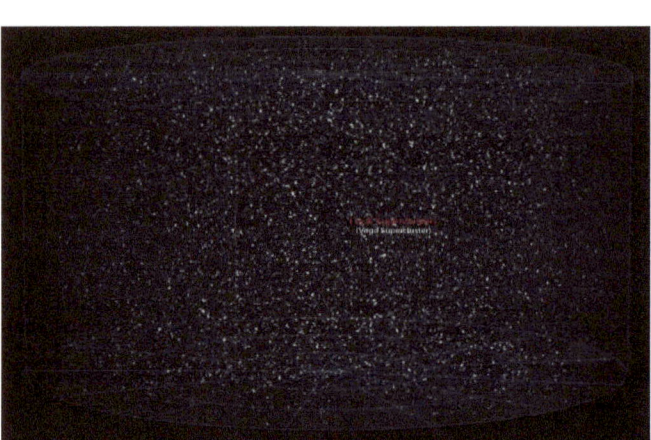

En la gráfica anterior cada punto blanco representa a una galaxia, que en nuestro universo observable es aproximadamente 100 a 200 mil millones de galaxias, incluso pueden llegar a 400 mil millones según space.com.

Imagen del universo observable con miles y millones de galaxias, fuente la NASA.

Según la teoría de la inflación cósmica, el tamaño total del universo es al menos 1023 veces mayor que el universo observable. Esto significa que el universo no observable podría medir alrededor de 100 mil trillones de años luz. De esta manera, podemos afirmar que solo hemos visto aproximadamente el 1% de todo nuestro universo. Esta idea es un recordatorio de la magnitud y la complejidad del universo que nos rodea. Nos hace preguntarnos sobre las maravillas y misterios que se encuentran en los otros 99% que aún no hemos explorado. Desafortunadamente, debido a los límites de nuestra tecnología, nunca sabremos con certeza lo que hay en esos mundos sin explorar.

Los cosmólogos piensan que el universo es una expansión infinita, sin límites ni bordes. Esto significa que más allá del universo observable, hay galaxias similares al nuestro, inclusive planetas como la tierra con formas de vida y características similares o diferentes a las que conocemos. Además, es posible que existan copias idénticas de nosotros y de todo lo que nos rodea, con pequeñas diferencias. Esto se conoce como la hipótesis de los universos paralelos o los multiversos, que sugiere que existen múltiples universos en los que las cosas pueden suceder de manera diferente. Por ejemplo, en un universo paralelo, podrías estar haciendo algo completamente diferente a lo que estás haciendo en este momento. Esto significa que todas las posibilidades imaginables son posibles en algún lugar podrían existir cosas desarrollaron de manera diferente. Por ejemplo, es posible que exista un universo en el que tu primer amor nunca te rechazó y, por lo tanto, tu vida tomó un curso diferente.

En la imagen anterior, cada esfera representa un universo. Según esta hipótesis, habría una cantidad infinita de universos, es decir Multiversos. Algunos cosmólogos sugieren que el Big Bang fue el resultado de la colisión de estos universos, y así creando y destruyéndose universo sin fin. Sin embargo, es importante tener en cuenta que esta teoría todavía está en desarrollo y requiere de más investigación y evidencia antes de ser considerada como un hecho científico comprobado.

La idea de que pueda haber universos paralelos o alternativos ha sido objeto de mucha especulación y debate en la comunidad científica. Sin embargo, en las últimas décadas, las investigaciones en la mecánica cuántica y la teoría de cuerdas han sugerido que estos universos podrían ser reales. La mecánica cuántica, una de las teorías fundamentales de la física, describe el comportamiento de las partículas a escala subatómica. Una de las conclusiones más sorprendentes de la mecánica cuántica es que una partícula puede estar en más de un lugar al mismo tiempo. Este fenómeno se conoce como superposición cuántica y sugiere que las partículas no tienen una posición definida en el espacio hasta que son observadas. Este principio se extiende a todo el universo, lo que significa que todas las posibilidades que pueden ocurrir en cualquier momento están presentes en un estado de superposición.

Esta idea ha llevado a algunos científicos a especular que cada vez que se toma una decisión, se crea un nuevo universo para cada una de las posibilidades que no se eligieron. En otras palabras, cada universo representa una realidad alternativa en la que sucedió algo diferente.

La teoría de cuerdas, por otro lado, propone que todas las partículas subatómicas son en realidad hebras vibrantes de energía. Estas hebras de energía existen en una realidad de 11 dimensiones, pero solo percibimos cuatro de ellas. Según esta teoría, es posible que haya otros universos en los que las hebras de energía vibran a diferentes frecuencias, lo que produce diferentes partículas y fuerzas que las que existen en nuestro universo.

Ha sido un viaje apasionante recorrer y resumir todo lo que sabemos sobre el universo. Hemos descubierto cosas fascinantes y hemos profundizado en el conocimiento que tenemos sobre este increíble espacio que nos rodea. Al final, me quedo con un sabor agradable y la sensación de haber compartido algo nuevo y valioso.

Si este libro logró inspirar a algún lector, será una recompensa más que suficiente para mí. Espero haber transmitido la misma emoción y pasión que siento por este tema y haber sido capaces de trasmitir una imagen clara y coherente de lo que conocemos hasta ahora sobre el universo.

FIN

GLOSARIO

Astronomía: Ciencia que se encarga del estudio de los cuerpos celestes como las estrellas, planetas, galaxias, nebulosas y otros objetos del universo.

Astrofísica: Rama de la astronomía que estudia las propiedades físicas y los procesos que ocurren en los cuerpos celestes, como las estrellas, planetas, galaxias y otros objetos del universo.

Agujero negro: Región del espacio-tiempo, en el cual, ni siquiera la luz puede escapar, debido a su inmensa fuerza gravitatoria.

Aceleración: Mide cómo cambia la velocidad de un objeto en movimiento.

Arqueología: Estudia los restos materiales dejados por las culturas y sociedades antiguas con el objetivo de entender su evolución y su impacto en la historia humana.

Átomo: Unidad fundamental de la materia ordinaria, compuesto por protones, neutrones y con electrones.

Antipartícula: Es una partícula subatómica que tiene una carga opuesta y propiedades físicas idénticas a su correspondiente partícula normal.

Año-Luz: Distancia recorrida por la luz en un año.

Antimateria: Es un tipo de materia compuesta por antipartículas, que son las contrapartes con carga y propiedades opuestas a las partículas que constituyen la materia normal.

Bariones: Tipo de partículas elementales, que están compuestas por tres quarks.

Big Bang: Teoría científica que explica el origen del universo.

Bosón: Partícula elemental que transmite una fuerza y tiene un espín entero.

Bariogénesis: Proceso hipotético que se refiere a la creación asimétrica de bariones (partículas compuestas por tres quarks, como los protones y neutrones) en el universo temprano.

Carga eléctrica: Propiedad de una partícula por la cual puede repeler o atraer otras partículas que poseen una carga del mismo signo o de signo contrario.

Cero absolutos: Temperatura teórica más baja posible, equivalente a -273.15 grados Celsius o 0 grados en la escala Kelvin.

Ciencia: Actividad humana que se dedica al estudio sistemático, observación, descripción y explicación de los fenómenos naturales y sociales.

Conservación de la energía: Ley que afirma que la energía no puede ser creada ni destruida.

Constante cosmológica: Recurso matemático utilizado por Einstein para defender el universo estático.

Contracción de Lorentz: Característica de la relatividad especial según la cual un objeto en movimiento parece acortarse en su dirección de movimiento.

Cosmología: Estudio del universo como un todo.

Cosmos: Universo completo, incluyendo toda la materia, energía, espacio y tiempo, así como las leyes físicas que lo rigen.

Desplazamiento al azul: Acortamiento de la longitud de onda de la radiación emitida por un objeto que se acerca a un observador, debido al efecto Doppler.

Desplazamiento al rojo: Enrojecimiento de la radiación emitida por un objeto que se aleja de un observador, debido al efecto Doppler.

Dilatación temporal: Característica de la relatividad especial que predice que el flujo de tiempo será más lento para un observador en movimiento, o en presencia de un campo gravitatorio intenso como los agujeros negros.

Espacio-tiempo: Espacio matemático cuyos puntos deben ser especificados por las coordenadas espacial y temporal.

Eclipse: cuando la luz de un cuerpo celeste es bloqueada por otro cuerpo celeste, como en un eclipse de Sol o un eclipse de Luna.

Efecto Doppler: Variación de la longitud de onda que se produce cuando un observador se desplaza respecto de una fuente de radiación.

Electrón: Partícula con carga negativa que gira alrededor de los núcleos atómicos.

Entropía: Medida de la cantidad de desorden o energía no utilizada en un sistema termodinámico. Cuanto mayor sea la entropía, mayor será el desorden o la energía no utilizada.

Espectro: Distribución de la radiación electromagnética en función de su longitud de onda o frecuencia.

Estado estacionario: Estado que no varía con el tiempo.

Éter: Medio inmaterial hipotético que se suponía llenaba todo el espacio.

Evolución: Cambio gradual de los organismos vivos a lo largo del tiempo, que puede llevar a la aparición de nuevas especies, impulsado por la selección natural y otros mecanismos que causan variaciones genéticas.

Física clásica: Cualquier teoría de la física en la cual se suponga que el universo tiene una sola historia, bien definida.

Fotón: Cuanto, de luz, el paquete más pequeño del campo electromagnético.

Frecuencia: En una onda, número de ciclos completos por segundo.

Fusión nuclear: Proceso en que dos núcleos chocan y se unen para formar un núcleo mayor y más pesado.

Galaxia: Gran conjunto de estrellas, materia interestelar y materia oscura que se mantiene unido por la gravedad.

Geocéntrica (o): Modelo del universo que sostiene que la Tierra se encuentra en el centro del sistema y todo lo demás, incluyendo el Sol, la Luna, los planetas y las estrellas, órbita alrededor de ella.

Gravedad: La fuerza más débil de las cuatro fuerzas de la naturaleza. Mediante ella los objetos que tienen masa se atraen entre sí.

Heliocéntrica(o): Modelo en el cual el Sol se encuentra en el centro del sistema, y los planetas, incluida la Tierra, orbitan alrededor de él.

Inflación cósmica: Breve período de expansión acelerada durante el cual el tamaño del universo muy primitivo aumentó en un factor enorme.

Inercia: Propiedad física de los cuerpos que se opone a los cambios en su estado de movimiento o de reposo.

Inquisición: Fue una institución religiosa y judicial creada por la Iglesia Católica en el siglo XIII con el propósito de perseguir y eliminar la herejía.

Kelvin: Escala de temperaturas en que éstas son expresadas respecto del cero absoluto.

Masa: Cantidad de materia en un cuerpo, su inercia o resistencia a la aceleración en el estado libre.

Materia oscura: Materia en las galaxias, los cúmulos de galaxias y posiblemente también entre cúmulos de galaxias que no puede ser observada directamente pero que puede ser detectada por su campo gravitatorio.

Mecánica Cuántica: Teoría desarrollada a partir del principio cuántico de Planck y del principio de incertidumbre de Heisenberg.

Mecánica Clásica: Rama de la física que estudia el movimiento de los objetos y las fuerzas que los causan. Fue desarrollada por Isaac Newton y Galileo.

Mesón: Tipo de partícula elemental que está formado por un quark v un antiquark.

Multiverso: Conjunto de universos.

Neutrino: Partícula elemental extremadamente ligera que sólo es afectada por la fuerza nuclear débil y la gravedad.

Neutrón: Partícula sin carga, muy parecida al protón.

Núcleo: Parte central de un átomo constituida por protones y neutrones mantenidos unidos por la fuerza nuclear fuerte.

Observador: Persona o instrumento que mide propiedades físicas de un sistema.

Teoría: Explicación sistemática y bien sustentada de un fenómeno natural que ha sido ampliamente confirmada por la evidencia científica y que ha demostrado ser útil para predecir y controlar el comportamiento de dicho fenómeno.

Quark: Partícula elemental cargada sensible a la fuerza nuclear fuerte. Hay seis tipos de quarks (arriba, abajo, encanto, extraño, cima, fondo) y pueden tener tres «colores» (rojo, verde, azul).

Radiación: Energía transportada por ondas o partículas.

Radiación del fondo de microondas: Radiación correspondiente al resplandor del universo primitivo caliente. Actualmente está tan desplazada al rojo que no se presenta como luz sino como microondas (con una longitud de onda de unos pocos centímetros).

Radiactividad: Ruptura espontánea de un núcleo de un tipo para formar un núcleo de otro tipo.

Relatividad especial: Teoría de Einstein basada en la idea de que las leyes de la ciencia deben ser las mismas para todos los observadores, independientemente de su movimiento, en ausencia de campos gravitatorios.

Relatividad general: Teoría de Einstein basada en la idea de que las leyes de la ciencia deben ser las mismas para todos los espectadores, sea cual sea su movimiento. Explica la fuerza de la gravedad en términos de la curvatura de un espacio-tiempo cuadridimensional.

Segunda ley de la termodinámica: Ley que afirma que la entropía siempre aumenta.

Selección natural: proceso en el que los organismos mejor adaptados a su entorno tienen más probabilidades de sobrevivir y reproducirse, transmitiendo los rasgos que les confieren ventajas adaptativas a las generaciones futuras.

Singularidad: Punto del espacio-tiempo cuya curvatura espacio-temporal se hace infinita.

Sistemas de Referencia Inerciales: Marco de referencia que se mueve a una velocidad constante en línea recta y que no está acelerando.

Teoría de cuerdas: Teoría de la física en que las partículas son descritas como ondas en una cuerda. Une la mecánica cuántica y la relatividad general. También es conocida como teoría de supercuerdas.

Teoría M: Teoría que une las diversas teorías de supercuerdas en un solo marco. Parece tener once dimensiones espacio-temporales, pero todavía nos falta por comprender muchas de sus propiedades.

Termodinámica: Leyes desarrolladas en el siglo XIX para describir el calor, el trabajo, la energía y la entropía, y su evolución en los sistemas físicos.

Velocidad: Magnitud física que describe la rapidez con la que un objeto se mueve en una dirección específica.

BIBLIOGRAFÍA

1. Bruno, Giordano. (1981). Sobre el infinito universo y los mundos.
2. Carroll, S. (2016). La gran ilusión: Orígenes de la vida, significado y el universo mismo.
3. Cox, B., & Forshaw, J. (2014). El Universo cuántico.
4. Davies, P. (1997). Superfuerza.
5. Ganguí, A. (2005). El Big Bang: La génesis de nuestra cosmología actual.
6. Greene, B. (2004). El tejido del cosmos: Espacio, tiempo y la textura de la realidad. Crítica.
7. Greene, B. (2010). El universo elegante: supercuerdas, dimensiones ocultas y la búsqueda de una teoría final.
8. Guth, A. H. (1998). El universo inflacionario.
9. Hawking, S., & Penrose, R. (1996). La naturaleza del espacio y tiempo.
10. Hawking, S. (1988). Breve historia del tiempo: del big Bang a los agujeros negros.
11. Hawking, S. (2010). El gran diseño.
12. Kaku, M. (1987). Mas allá de Einstein.
13. Krauss, L. (2012). Un universo de la nada: Por qué hay algo en vez de nada.
14. Lederman, L., & Teresi, D. (1996). La partícula divina.

15. Lozano Leyva, M. (2019). El cosmos en la palma de la mano.
16. Magueijo, J. (2003). Más rápido que la velocidad de la luz.
17. Penrose, R. (2004). El camino a la realidad.
18. Randall, L. (2005). Cuerdas visibles: Un viaje al corazón de la teoría de cuerdas.
19. Santaolalla, J. (2016). El Bosón De Higgs No Te Va A Hacer La Cama.
20. Sagan, C. (1994). El mundo y sus demonios.
21. Tegmark, M. (2014). Nuestro universo matemático.
22. Tyson, N. d. (2004). Orígenes.
23. Weinberg, S. (1997). Los tres primeros minutos del universo.

www.ingramcontent.com/pod-product-compliance
Lightning Source LLC
Chambersburg PA
CBHW040216220526
45473CB00001B/5